建筑电气新技术

主　编　甘信广

副主编　甘胜滕　王光炎

中国环境科学出版社·北京

图书在版编目（CIP）数据

建筑电气新技术/甘信广主编. —北京：中国环境科学出版社，2012.11

ISBN 978-7-5111-1141-8

Ⅰ. ①建… Ⅱ. ①甘… Ⅲ. ①房屋建筑设备—电气设备—高技术 Ⅳ. ①TU85

中国版本图书馆 CIP 数据核字（2012）第 230453 号

责任编辑 张于嫣
责任校对 扣志红
封面设计 马 晓

出版发行 中国环境科学出版社
（100062 北京市东城区广渠门内大街 16 号）
网 址：http://www.cesp.com.cn
电子邮箱：bjgl@cesp.com.cn
联系电话：010-67112765（编辑管理部）
发行热线：010-67125803，010-67113405（传真）
印装质量热线：010-67113404

印 刷 北京市联华印刷厂
经 销 各地新华书店
版 次 2012 年 11 月第 1 版
印 次 2012 年 11 月第 1 次印刷
开 本 850×1168 1/32
印 张 7.125
字 数 190 千字
定 价 20.00 元

前　言

随着电气技术水平不断提高和楼宇电气智能化电气技术的应用，建筑电气新材料、新工艺和新技术也日益丰富。根据住房和城乡建设部颁布的《建筑工程施工职业技能标准》中有关技能等级标准和职业技能鉴定标准，依据现行的规范、规程，针对当前的用工特点和施工实际需要，结合近年来出现的新技术、新技能以及建筑业工作的实际需要，我们编写了本书。

本书共分 4 章，其中，第一章供电系统新技术，介绍了智能电网、光伏发电系统、风力发电系统、风光互补发电系统、特高压直流输电技术；第二章楼宇电气新技术应用，介绍了建筑智能化、视频监控系统、视频监控系统设备选型及配置、停车场管理系统、综合布线技术；第三章 PLC、变频器与电梯，介绍了 PLC 系统、变频器系统及其应用、电梯装置和恒压供水装置；第四章新型接口操作方法，介绍了信息接口制作方法要求，光纤熔接机的操作，消防报警系统的安装与调试，综合布线施工方法，停车场管理系统工程施工方法，摄像机、云台、解码器的安装和调试。

本书紧扣“新”字，突出了新材料、新工艺和新技能的要求。内容翔实，概念准确，图文并茂，既有一定理论水平，又没有过于繁杂的数字分析，便于学习，是建筑行业开展职业技能岗位培训与鉴定的实用教材，也是建筑业干部与职工学习技能、提高业务水平的理想参考读物，也可作为政府部门、科研机构、规划设计、电力用户、设备供应商、工程技术人员以及高等院校相关专业师生的参考用书。

本书由山东城市建设职业学院甘信广任主编，甘胜滕、王光炎任副主编。王光炎同志编写了第一章的第一节、第五节；甘胜滕同志编写了第一章的第二节、第三节、第四节；李强、吴长河同志编写了第三章，其他内容均由甘信广同志编写。

本书在编写过程中，得到了建筑行业多位领导的亲切指导和关怀，在此表示感谢。

由于编者水平有限，加之时间紧张，错误之处在所难免，恳请广大读者给予批评指正。

编　者

2012 年 6 月

目　录

第一章　供电系统新技术

第一节　智能电网

一、智能电网简介

智能电网，就是电网的智能化，也被称为“电网 2.0”，它是建立在集成的、高速双向通信网络的基础上，通过先进的传感和测量技术、先进的设备技术、先进的控制方法以及先进的决策支持系统技术的应用，实现电网的可靠、安全、经济、高效、环境友好和使用安全的目标，其主要特征包括自愈、激励和包括用户使用状况、抵御攻击、提供需求的电能质量、容许各种不同发电形式的接入、启动电力市场以及资产的优化高效运行。

二、智能电网的结构

从广义上来说，智能电网包括可以优先使用清洁能源的智能调度系统、可以动态定价的智能计量系统以及通过调整发电、用电设备功率优化负荷平衡的智能技术系统。未来智能电网的基本结构，电能不仅从集中式发电厂流向输电网、配电网直至用户，同时电网中还遍布各种形式的新能源和清洁能源，如太阳能、风能、燃料电池、电动汽车等；此外，高速、双向的通信系统实现了控制中心与电网设备之间的信息交互，高级的分析工具和决策体系保证了智能电网的安全、稳定和优化运行。

第二节　光伏发电系统

一、光伏发电原理

太阳能发电分为光热发电和光伏发电。通常说的太阳能发电指的是太阳能光伏发电，简称“光电”。光伏发电是利用半导体界面的光生伏特效应而将光能直接转变为电能的一种技术。这种技术的关键元件是太阳能电池。太阳能电池经过串联后进行封装保护可形成大面积的太阳电池组件，再配合上功率控制器等部件就形成了光伏发电装置。光伏发电的优点是较少受地域限制，因为阳光普照大地；光伏系统还具有安全可靠、无噪声、低污染、无须消耗燃料和架设输电线路即可就地发电供电及建设同期短的优点。

光伏发电是根据光生伏特效应原理，利用太阳能电池将太阳光能直接转化为电能。不论是独立使用还是并网发电，光伏发电系统主要由太阳能电池板（组件）、蓄电池组、充放电控制器和逆变器等部分组成，如图 1-1 所示。它们主要由电子元器件构成，不涉及机械部件，所以，光伏发电设备极为精炼，可靠稳定寿命长、安装维护简便。

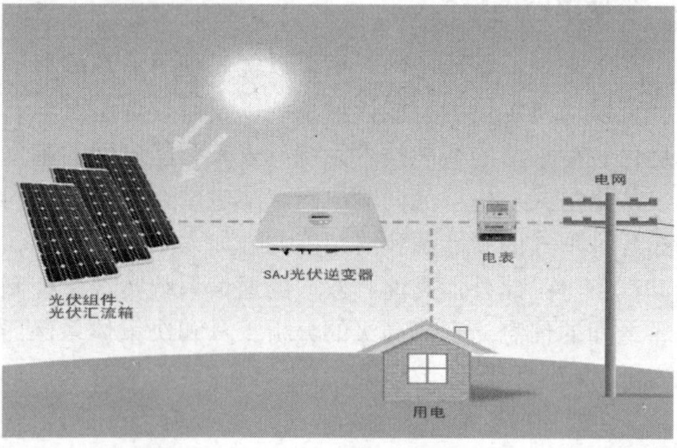

图 1-1　光伏发电原理

二、光伏发电技术的应用

光伏发电技术可以用于任何需要电源的场合，上至航天器，下至家用电源，大到兆瓦级电站，小到玩具，光伏电源无处不在。太阳能光伏发电的最基本元件是太阳能电池（片），有单晶硅、多晶硅、非晶硅和薄膜电池等。其中，单晶和多晶电池用量最大，非晶电池用于一些小系统和计算器辅助电源等。中国国产晶体硅电池效率在10%～13%，国际上同类产品效率 12%～14%。由一个或多个太阳能电池片组成的太阳能电池板称为光伏组件。

光伏发电产品主要用于三大方面：一是为无电场合提供电源；二是太阳能日用电子产品，如各类太阳能充电器、太阳能路灯和太阳能草地及各种灯具等；三是并网发电，这在发达国家已经大面积推广实施。

第三节　风力发电系统

一、风力发电的原理

把风的动能转变成机械动能，再把机械能转化为电力动能，这就是风力发电。风力发电的原理，是利用风力带动风车叶片旋转，再透过增速机将旋转的速度提升，来促使发电机发电。依据目前的风车技术，大约是 3 m/s 的微风速度（微风的程度）便可以开始发电。风力发电正在世界上形成一股热潮，因为风力发电不需要使用燃料，也不会产生辐射或空气污染。原理如图 1-2 所示。

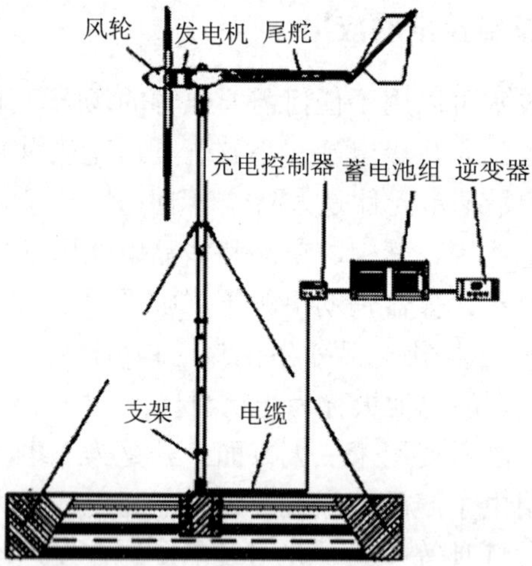

图 1-2　风力发电系统原理图

二、风力发电机的分类

（1）水平轴风力发电机，风轮的旋转轴与风向平行。水平轴风力发电机又分为升力型和阻力型两类。升力型风力发电机旋转速度快，阻力型旋转速度慢。对于风力发电，多采用升力型水平轴风力发电机。大多数水平轴风力发电机具有对风装置，能随风向改变而转动。对于小型风力发电机，这种对风装置采用尾舵，而对于大型的风力发电机，则利用风向传感元件以及伺服电机组成的传动机构。

风力机的风轮在塔架前面的称为上风向风力机，风轮在塔架后面的则称为下风向风机。水平轴风力发电机的式样很多，有的具有反转叶片的风轮，有的在一个塔架上安装多个风轮，以便在输出功率一定的条件下减少塔架的成本，还有的水平轴风力发电机在风轮周围产生旋涡，集中气流，增加气流速度。

（2）垂直轴风力发电机，风轮的旋转轴垂直于地面或者气流方向。垂直轴风力发电机在风向改变的时候无须对风，在这点上相对于水平轴风力发电机是一大优势，它不仅使结构设计简化，而且也减少了风轮对风时的陀螺力。

利用阻力旋转的垂直轴风力发电机有几种类型，其中有利用平板和被子做成的风轮，这是一种纯阻力装置；S 形风车，具有部分升力，但主要还是阻力装置。这些装置有较大的启动力矩，但尖速比低，在风轮尺寸、重量和成本一定的情况下，提供的功率输出低。

三、风力发电的特点

1. 优点

（1）清洁，环境效益好。
（2）可再生，永不枯竭。
（3）基建周期短。
（4）装机规模灵活。

2. 缺点

（1）噪声，视觉污染。
（2）占用大片土地。
（3）不稳定，不可控。
（4）目前成本仍然很高。
（5）影响鸟类。

第四节　风光互补发电系统

一、风光互补发电系统的结构

风光互补发电系统主要由风力发电机组、太阳能光伏电池组、控制器、蓄电池、逆变器、交流直流负载等部分组成，系统结构图如图 1-3 所示。该系统是集风能、太阳能及蓄电池等多种能源发电技术及系统智能控制技术为一体的复合可再生能源发电系统。

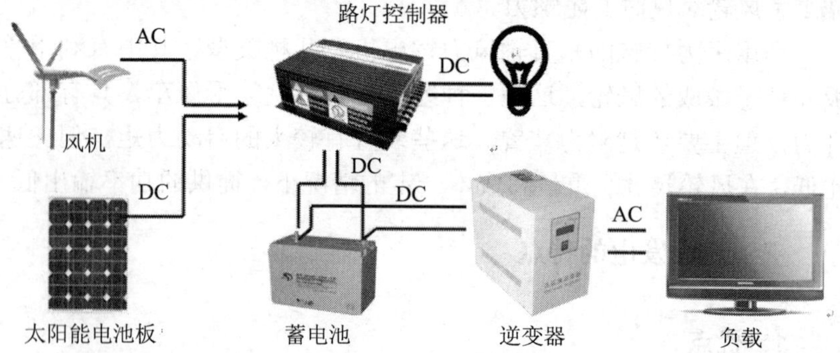

图 1-3　风光互补发电系统结构图

（1）风力发电部分是利用风力机将风能转换为机械能，通过风力发电机将机械能转换为电能，再通过控制器对蓄电池充电，经过逆变器对负载供电。

（2）光伏发电部分利用太阳能电池板的光伏效应将光能转换为电能，然后对蓄电池充电，通过逆变器将直流电转换为交流电对负载进行供电。

（3）逆变系统由几台逆变器组成，把蓄电池中的直流电变成标准的 220V 交流电，保证交流电负载设备的正常使用。同时还具有自动稳压功能，可改善风光互补发电系统的供电质量。

（4）控制部分根据日照强度、风力大小及负载的变化，不断对蓄电池组的工作状态进行切换和调节：一方面把调整后的电能直接送往直流或交流负载；另一方面把多余的电能送往蓄电池组存储。发电量不能满足负载需要时，控制器把蓄电池的电能送往负载，保证了整个系统工作的连续性和稳定性。

（5）蓄电池部分由多块蓄电池组成，在系统中同时起到能量调节和平衡负载两大作用。它将风力发电系统和光伏发电系统输出的电能转化为化学能储存起来，以备供电不足时使用。

风光互补发电系统根据风力和太阳辐射变化情况，可以在以下三种模式下运行：风力发电机组单独向负载供电；光伏发电系统单独向负载供电；风力发电机组和光伏发电系统联合向负载供电。

二、风光互补发电比单独风力发电或光伏发电的优点

（1）利用风能、太阳能的互补性，可以获得比较稳定的输出，系统有较高的稳定性和可靠性。

（2）在保证同样供电的情况下，可大大减少储能蓄电池的容量。

（3）通过合理的设计与匹配，可以基本上由风光互补发电系统供电，很少或基本不用启动备用电源如柴油发电机组等，可获得较好的社会效益和经济效益。

第五节　特高压直流输电技术

一、特高压直流输电的特点

（1）电压高，高达±800 kV。对与电压有关的设备，如高压端（±800 kV）的换流变压器及其套管、穿墙套管、避雷器等研发提出了高要求；对承受±800 kV 的外绝缘，如支持瓷柱、线路绝缘子等需要进行新的研发。

（2）送电容量大。规划的特高压直流输电工程的送电容量高达 5 GW 和 6.4 GW，相应的直流额定电流将达到 3 125 A 和 4 000 A。

（3）送电距离长，长达 1 500 km，甚至超过 2 000 km。

二、特高压直流输电技术的优点

特高压直流输电技术不仅具有高压直流输电技术的所有特点，而且能将直流输电技术的优点得到更加充分的发挥。

（1）输送容量大。现在世界上已建成多项送电 3 GW 的高压直流输电工程。

（2）送电距离远。世界上已有输送距离达 1 700 km 的高压直流输电工程。我国的葛南（葛洲坝—上海南桥）直流输电工程输送距离为 1 052 km，天广（天生桥—广东）、三常（三峡—常州）、三广

（三峡—广东）、贵广（贵州—广东）等直流输电工程输送距离都接近 1 000 km。

（3）输送功率的大小和方向可以快速控制和调节。

（4）直流输电的接入不会增加原有电力系统的短路电流容量，也不受系统稳定极限的限制。

（5）直流输电可以充分利用线路走廊资源，其线路走廊宽度约为交流输电线路的一半，且送电容量大，单位走廊宽度的送电功率约为交流的 4 倍。如直流±500 kV 线路走廊宽度约为 30 m，送电容量达 3 GW；而交流 500 kV 线路走廊宽度为 55 m，送电容量却只有 1 GW。

（6）直流电缆线路不受交流电缆线路那样的电容电流困扰，没有磁感应损耗和介质损耗，基本上只有芯线电阻损耗，绝缘水平相对较低。

（7）直流输电工程的一个极发生故障时，另一个极能继续运行，并通过发挥过负荷能力，可保持输送功率或减少输送功率的损失。

（8）直流系统本身配有调制功能，可以根据系统的要求做出反应，对机电振荡产生阻尼，阻尼低频振荡，提高电力系统暂态稳定水平。

（9）能够通过换流站配置的无功功率控制进行系统的交流电压调节。

（10）大电网之间通过直流输电互联（如背靠背方式），2 个电网之间不会互相干扰和影响，必要时可以迅速地进行功率交换。

（11）在输电过程中不用无功功率补偿和变压器。节省了稀有金属和原材料，而且不会有电磁辐射。

三、特高压直流输电技术的优势

根据以上的优点特高压直流输电无论是建设，还是运行都具有以下优势：

（1）线路造价低。对于架空输电线，交流用三根导线，而直流一般用两根，采用大地或海水作回路时只要一根，能节省大量的线路建设费用。对于电缆，由于绝缘介质的直流强度远高于交流强度，如通常的油浸纸电缆，直流的允许工作电压约为交流的 3 倍，直流电缆的投资少得多。

（2）年电能损失小。直流架空输电线只用两根，导线电阻损耗比交流输电小；没有感抗和容抗的无功损耗；没有集肤效应，导线的截面利用充分。另外，直流架空线路的“空间电荷效应”使其电晕损耗和无线电干扰都比交流线路小。所以，直流架空输电线路在线路建设初投资和年运行费用上均较交流经济。

（3）交流特高压输电通道需要每隔 250 km 设立分段无功补偿变电站，造价约为 25 亿元，这是交流特高压输电比直流输电外加多出的造价，削弱了交流长距输电的优势。

第二章 楼宇电气新技术应用

第一节 建筑智能化

一、智能建筑的概念

我国在 1997 年 6 月举办的“首届智能建筑研讨会”上，提出了以下比较完整的定义：

智能建筑是指利用系统集成方法，将智能型计算机技术、通信技术、控制技术、多媒体技术和现代建筑艺术有机结合，通过对设备的自动监控、对信息资源的管理、对使用者的信息服务及其建筑环境的优化组合，所获得的投资合理，适合信息技术需要并且具有安全、高效、舒适、便利和灵活特点的现代化建筑物。这是目前我国智能化研究的理论界所公认的最权威的定义。

二、建筑智能化涵盖的内容

实现建筑智能化的目的：是为用户创造一个安全、便捷、舒适、高效、合理的投资和低能耗的生活或工作环境，在建筑物内设置的任何设施与系统都要服从于这个目标。

一般来讲，建筑智能化工程包括：消防报警系统、安防与视频监控系统、停车场管理系统、综合布线系统、楼宇自控系统等。

当然，智能建筑是一个发展中的概念，它随着科学技术的进步和人们对其功能要求的变化而不断更新、补充内容。

第二节　视频监控系统

一、视频监控系统功能和发展

1. 视频监控系统（video surveillance & control system，VSCS）

利用视频技术探测、监视设防区域并实时显示、记录现场图像的电子系统或网络。视频安防监控系统，不同于一般的工业电视或民用闭路电视（CCTV）系统。它是特指用于安全防范的目的，通过对监视区域进行视频探测、视频监视、控制、图像显示、记录和回放的视频信息系统或网络。主要任务是对建筑物内重要部位的事态、人流等动态状况进行宏观监视、控制、记录，以便对各种异常情况进行实时取证、复核，达到及时处理的目的。

视频安防监控系统通过遥控摄像机及其辅助设备（镜头、云台等），直接观察被监视场所的情况，同时可以把被监视场所的情况进行同步录像。集成了预防、监视、控制取证和管理等功能，从逻辑上可分为前端、传输、控制主机和显示与记录四部分，如图 2-1 所示。

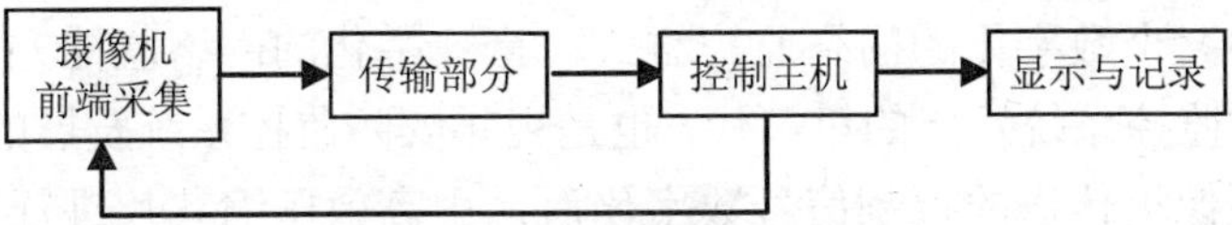

图 2-1　视频监控系统逻辑组成

2．视频安防监控系统的发展

视频安防监控系统发展经历了三个阶段：全模拟视频监控阶段、模拟数字混合监控阶段和全数字化的网络监控阶段。目前正向数字化、网络化、智能化方向发展。

（1）全模拟视频监控方式：全模拟视频监控方式是第一代监控

系统。优点：视音频信号的采集、传输、存储均为模拟形式，图像质量高；技术成熟，系统功能强大、完善。缺点：只能在本地监控中心观看小范围的监控图像，与信息系统无法交换数据，监控仅限于监控中心，应用的灵活性较差，不易扩展。系统主要由摄像机、视频矩阵、监视器和录像机组成。摄像机采集模拟信号直接以模拟方式近距离传输，传输介质主要采用专用的同轴电缆。这种监控方式主要用于建筑物内部监控。

（2）模拟数字混合监控方式（DVR）：DVR 是近几年迅速发展的第二代监控系统，采用微机和操作系统平台，在计算机中安装视频压缩卡和相应的 DVR 软件，不同型号视频卡可连接多路视频，支持实时视频和音频。前端摄像机采集的模拟信号还是以模拟方式传输，通过同轴电缆或光缆的传输线路连接到监控中心的数字硬盘录像机（Digital Vedio Recorder，DVR）上，数字硬盘录像机采用数字视频压缩处理技术，完成对图像的多画面显示、压缩、数字录像和网络传输等功能。优点：视频、音频信号的采集、存储主要为数字形式，质量较高；系统功能较为强大、完善；与信息系统可以交换数据；应用的灵活性较好。缺点：实现远距离视频传输需铺设（租用）光缆，在光缆两端安装视频光端机设备，系统建设成本高，不易维护且维护费用较大。

（3）全数字化的网络监控方式：全数字化的网络监控方式是视频安防监控系统发展的第三代，也是视频安防监控系统发展的趋势。前端摄像机传送的视频信号数字化后，由高效压缩芯片进行压缩，然后通过内部处理后，以 IP 包的形式传送到网络服务器上。网络用户可以通过专用软件或直接通过浏览器观看 Web 服务器上的摄像机图像，授权用户还可以控制摄像机、云台、镜头的动作，对系统进行设置。网络视频监控的代表产品就是网络视频服务器和网络摄像机。

二、视频监控系统组成

视频安防监控系统一般由前端、传输、控制及显示记录四个主要部分组成，如图 2-2 所示。前端部分包括一台或多台摄像机以及与之配套的镜头、云台、防护罩、解码驱动器等；传输部分包括电缆/光缆，以及可能的有线/无线信号调制解调设备等；控制部分主要包括视频切换器、云台镜头控制器、操作键盘、种类控制通信接口、电源和与之配套的控制台、监视器等；显示记录设备主要包括监视器、录像机、多画面分割器等。

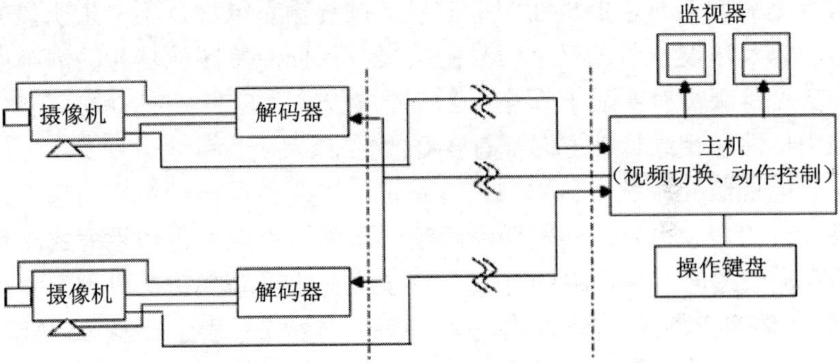

图 2-2　视频监控系统组成

1．前端摄像机部分

前端摄像机部分包括摄像机、镜头、防护罩、云台和解码器等。摄像部分是整个监控系统的前端，也是整个系统的眼睛，作用是将所监视目标的光信号变为电信号。摄像机安装在某个监控点上，视场角覆盖整个被监视区域。如果监视区域较大，可以在摄像机上安装变焦镜头，使摄像机能够观察的距离更远更清楚；也可以把摄像机安装在电动云台上，通过控制台的控制，可以使云台带动摄像机做水平和垂直方向的转动，从而使摄像机能够覆盖的角度和面积最大。

由于摄像部分是整个监控系统的最前端，监视场所的情况是由它把监视的内容编程图像信号传送到控制中心的监视器上，所以摄像部分是系统的原始信号源。因此摄像部分及其产生的图像信号的质量影响着整个系统的质量，也是影响系统噪声的最大因素，所以选择和处理摄像部分至关重要。

2．传输部分

传输部分是系统的信号通路，传输的信号包括图像信号、控制中心通过控制台对摄像机等前端设备进行控制的信号。主要传输的内容是图像信号，要求在图像信号经过传输系统后，不产生明显的噪声以及色度信号和亮度信号的失真，保证原始图像信号的清晰度和灰度等级没有明显下降等。这就要求传输系统在衰减、噪声引入、幅频特性和相频特性方面都有较好的性能。

电视监控系统中传输方式的确定，主要根据传输距离的远近、摄像机的多少而定。传输距离较近时，采用视频基带传输方式；传输距离较远时，采用射频有线传输方式或光纤传输方式。

（1）视频基带传输方式。视频基带传输方式适用于近距离传输，优点是传输系统简单、失真小、附加噪声低，不需要增加设备，直接从摄像机到控制台之间传输电视图像信号。

传输线选用同轴电缆，型号为 SYV-75-5、SYV-75-7、SYV-75-9 等，如图 2-3 所示。

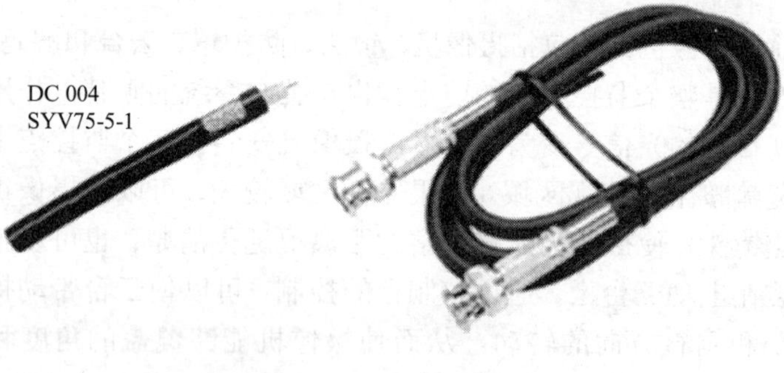

图 2-3　同轴电缆

S 代表射频同轴电缆；Y 代表聚乙烯（PE）绝缘；V 代表聚氯乙烯（PVC）护套；75 代表特性阻抗 75Ω；5 代表绝缘外径的近似

值。SYV 构成视频电缆。

一般而言，室外线路，宜选用外导体内径为 9 mm 的同轴电缆，采用聚乙烯外套。室内距离不超过 500 m 时，宜选用外导体内径为 7 mm 的同轴电缆，且采用防火的聚氯乙烯外套；终端机房设备间的连接线，距离较短时，宜选用外导体内径为 3 mm 或 5 mm，且具有密编铜网外导体的同轴电缆。

（2）射频传输方式。射频传输方式适用于远距离，同时传输多路图像信号的场所。传输过程中产生的微分增益和微分相位较小，失真小，适合于远距离传输彩色图像信号；而且一条传输线可以同时传输多路射频图像信号。常用的设备包括调制器、混合器/定向耦合器、分波器和解调器，如图 2-4 所示。

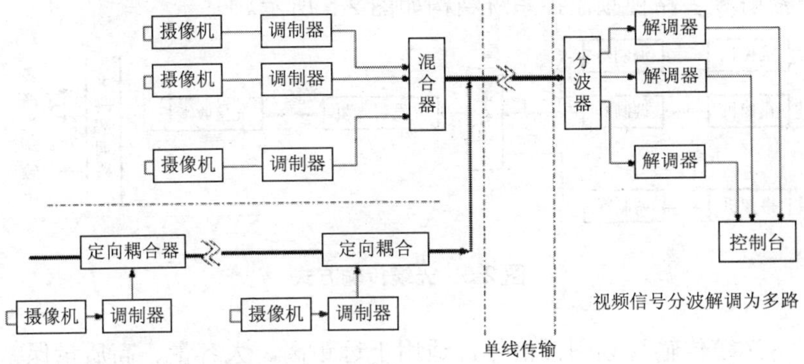

图 2-4 射频传输方式

①调制器：调制器输入端接收摄像机输出的视频信号，调制器的输出端输出经过调制的射频信号。调制器的作用是将视频信号变为特定频道的射频信号。

②混合器：混合器由多个信号输入端，一个混合后的输出端；混合器是将调制到不同频道上的各路电视信号经过混合器混合成为一路信号，在一条射频同轴电缆上传输。有时候可以用定向耦合器取代混合器，将某路视频信号混合到射频传输电缆上。

③分波器：分波器把电缆传输来的多频道射频信号分开，送入

解调器中解调出对应的视频信号。

④解调器：解调器将来自传输干线上的各路射频电视信号解调还原为视频电视信号，把这些信号送入监控系统控制中心。每个解调器解调一路视频信号。

传输线选用 SYWV。SYWV：聚乙烯物理发泡绝缘，PVC 护套，国标代号是射频电缆；高频衰减比 SYV 小，视频传输特性优异，在有线电视信号传输上应用广泛。

（3）光缆传输方式。光缆传输是光将各摄像机的视频信号分别调制到对应的射频频道上，经过混合器到光发射端机，光发射端机输出光信号送入光缆中。经过光缆传输后，由光接收端机解调出射频信号，再经过射频解调器解调出对应摄像机的全视频信号。光缆模拟射频多路视频监控系统结构如图 2-5 所示。

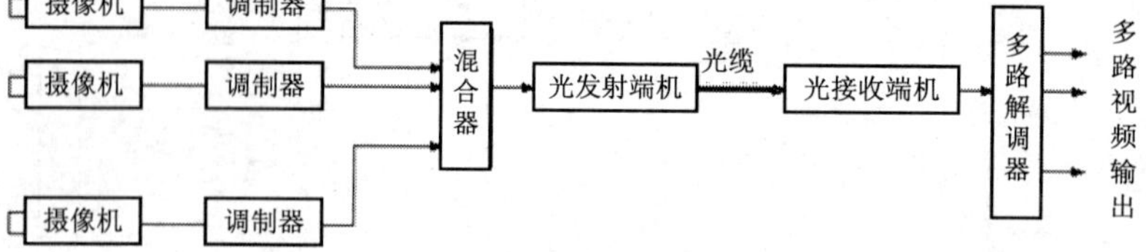

图 2-5　光缆传输方式

光缆传输视频图像信号，适用于远距离、大容量、高质量保密性传输图像信号。

①单膜光纤每千米损耗是同轴电缆的 1%，模拟光纤多路电视传输系统可以实现 20 km 无中断传输，这个距离基本上能满足超远距离的电视监控系统。

②目前，一路一芯单膜光纤可以传输几十路电视信号，传输容量大大提高。

③光频噪声以及传输系统的非线性失真小，所以光纤多路视频传输系统的传输信号的噪声比、交调、互调等性能指标都较高；而且光纤系统抗干扰性能强，基本上不受外界温度变化影响，从而保证了传输质量。

④光纤多路视频传输系统的保密性好，传输信号不易被窃取，适于保密系统使用，特别适于强电磁干扰和电磁辐射环境。

3. 控制部分

主要为矩阵及其键盘，用于视频切换功能和通信控制带云台的摄像机动作。

4. 显示和记录部分

显示部分为监视器，记录部分为硬盘录像机。

三、视频监控系统的分类

视频监控系统从应用场合来讲，分为小型、中型和大型系统；如果从组成形式上分，可以分为单头单尾方式、单头多尾方式、多头单尾方式和多头多尾方式。

①单头单尾方式：头是摄像机，尾是监视器。这是由一台摄像机和一台监视器组成连续定点的监视场所，如图 2-6（a）所示。有时候监视区域较大，可以在摄像机上安装变焦镜头，使摄像机能够观察的距离更远更清楚；也可以把摄像机安装在电动云台上，通过控制台的控制，可以使云台带动摄像机作水平和垂直方向的转动。这种单头单尾方式如图 2-6（b）所示。

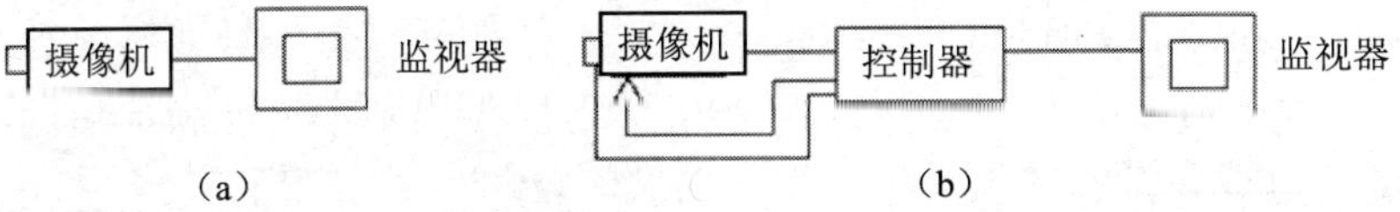

图 2-6　单头单尾方式

②单头多尾方式：单头多尾方式是由一台摄像机向许多监视点输送图像信号，由各个点上的监视器同时观看图像。这种方式用在多处监视同一个固定目标的场合，如图 2-7 所示。

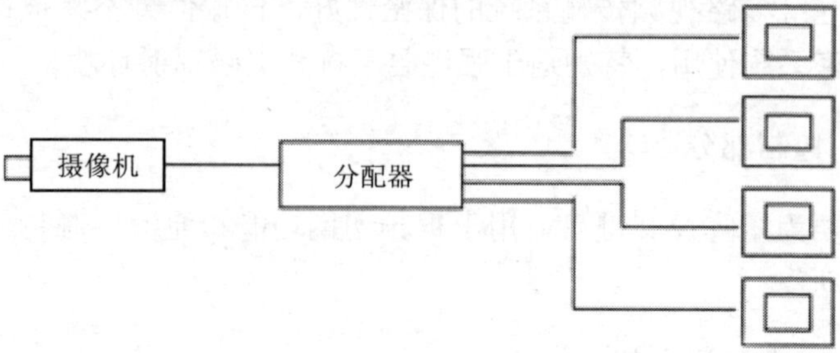

图 2-7　单头多尾方式

③多头单尾方式：多头单尾方式用在一处集中监视多个目标的场合，如图 2-8 所示。

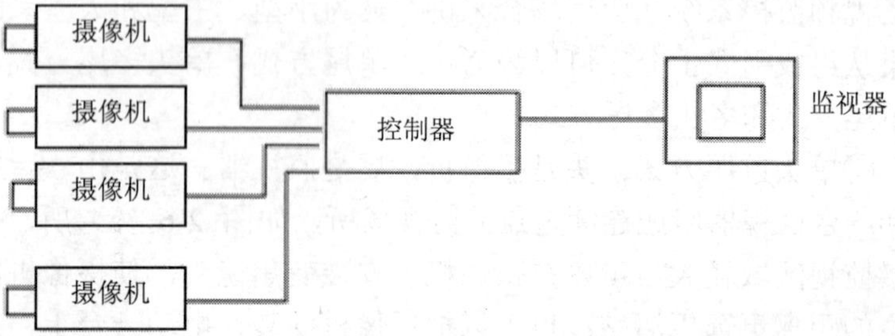

图 2-8　多头单尾方式

④多头多尾方式：多头多尾方式用在多处集中监视多个目标的场合，如图 2-9 所示。

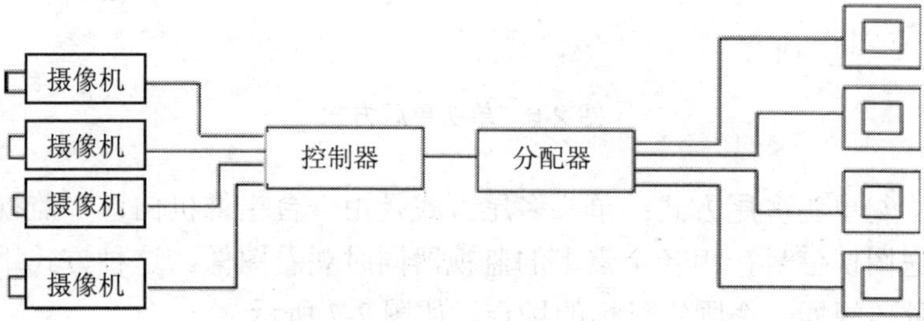

图 2-9　多头多尾方式

四、视频监控系统类型

1．普通视频监控系统

一般要求的视频监控系统由前端视频采集部分、传输部分、控制管理和显示部分组成。

前端视频采集部分包括：摄像机、镜头、解码器；传输部分：在300～500M内采用视频基带传输方式传输视频、采用485总线传输控制信号；控制管理部分：包括硬盘录像机、矩阵主机及其操作键盘；显示部分：适当数量的监视器，如图2-10所示。

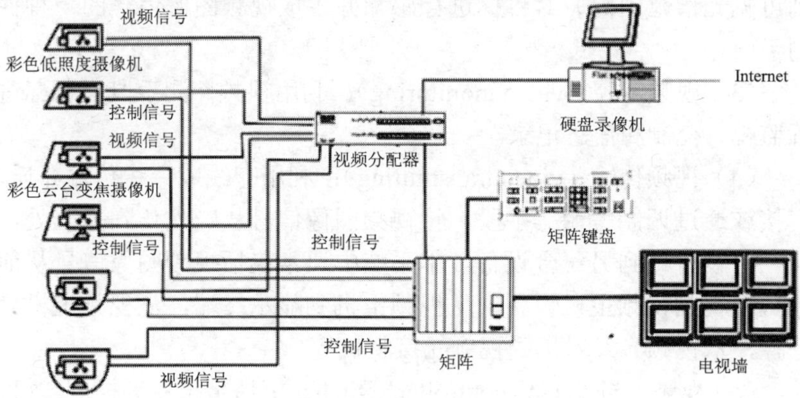

图2-10　普通视频监控系统

2．特殊视频监控系统

特别要求的电视监控系统分为以下几类：

（1）有声音拾取功能的电视监控系统：系统可以把监视的图像和声音内容一起传输到控制中心。

（2）由视频监控系统和入侵报警系统两部分组成，系统在控制台设有入侵报警的联动接口。在有防盗报警信号时，控制台发出报警，并且启动录像机自动对警报的场所进行录像。

（3）具有自动跟踪和锁定功能的电视监控系统：系统工作方式

是将入侵目标的图像及声音信号转为数据文件，提取目标信号，反馈给摄像机及自动云台，控制摄像机及云台进行跟踪锁定，还将自动启动关联摄像机或报警装置。

（4）远距离多路信号的视频监控系统。

五、基本术语

（1）视频（video）：基于目前的电视模式（PAL 彩色制式，CCIR 黑白制式 625 行，2∶1 隔行扫描），所需大约为 6MHz 或更高带宽的基带信号。

（2）视频探测（video detecting）：采用光电成像技术（从近红外到可见光谱范围内）对目标进行感知并生成视频图像信号的一种探测手段。

（3）视频监控（video monitoring）：利用视频探测手段对目标进行监视、控制和信息记录。

（4）视频传输（video transmitting）：利用有线或无线传输介质，直接或通过调制解调等手段，将视频图像信号从一处传到另一处，从一台设备传到另一台设备。本系统中通常包括视频图像信号从前端摄像机到视频主机设备，从视频主机到显示终端，从视频主机到分控，从视频光发射机到视频光接收机等。

（5）视频主机（video controller/switcher）：通常指视频控制主机，它是视频系统操作控制的核心设备，通常可以完成对图像的切换、云台和镜头的控制等。

（6）报警图像复核（video check to alarm）：当报警事件发生时，视频监控系统能够自动实时调用与报警区域相关的图像，以便对现场状态进行观察复核。

（7）报警联动（action with alarm）：报警事件发生时，引发报警设备以外的其他设备进行动作（如报警图像复核、照明控制等）。

（8）视频音频同步（synchronization of video and audio）：指对同一现场传来的视频、音频信号的同步切换。

（9）环境照度（environmental illumination）：反映目标所处环境

明暗的物理量，数值上等于垂直通过单位面积的光通量。

（10）图像质量（picture quality）：指能够为观察者分辨的光学图像质量，它通常包括像素数量、分辨率和信噪比，但主要表现为信噪比。

（11）图像分辨率（picture resolution）：指在显示平面水平或垂直扫描方向上，在一定长度上能够分辨的最多的目标图像的电视线数。

（12）前端设备（terminal device）：指分布于探测现场的各类设备，在本系统中，通常指摄像机以及与之配套的相关设备（如镜头、云台、解码驱动器、防护罩等）。

（13）分控（branch console）：通常指在中心监控室以外设立的控制和观察终端设备。

（14）视频移动报警（video moving detecting）：指利用视频技术探测现场图像变化，一旦达到设定阈值即发出报警信息的一种报警手段。

（15）视频信号丢失报警（video loss alarm）：指视频主机对前端来的视频信号进行监控时，一旦视频信号的峰值小于设定值，系统即视为视频信号丢失，并给出报警信息的一种系统功能。

第三节　视频监控系统设备选型及配置

一、系统选型

1. 视频监控系统在实际应用中设备组合选用的四种状态

（1）连续监视一个固定目标时，宜选用摄像机、传输线缆、监视器组合。

（2）集中监视多个分散目标时，宜选用摄像机、传输线缆、切换控制器、监视器组合。

（3）多处监视同一个固定目标时，宜选用摄像机、传输线缆、视频分配器、监视器组合。

（4）需要多处监视多个目标时，宜选用摄像机、传输线缆、视频分配器、切换控制器、监视器组合。

2．传输方式的选择

传输的信号包括图像信号、控制信号和电源信号。

对于图像信号：要求在图像信号经过传输系统后，不产生明显的噪声以及色度信号和亮度信号的失真，保证清晰度和灰度等级不下降。近距离传输一般选用视频基带传输方式；远距离传输可以选择射频传输方式和光缆传输方式。

对于控制信号：根据具体设备要求选用 232/485/422 等不同的通信方式。

对于电源信号：有统一供电和就地取电两种情况。

3．视频基带方式

对于工业中心距离较近（500 m）的情况，可以选用视频基带方式，系统图如图 2-11 所示。

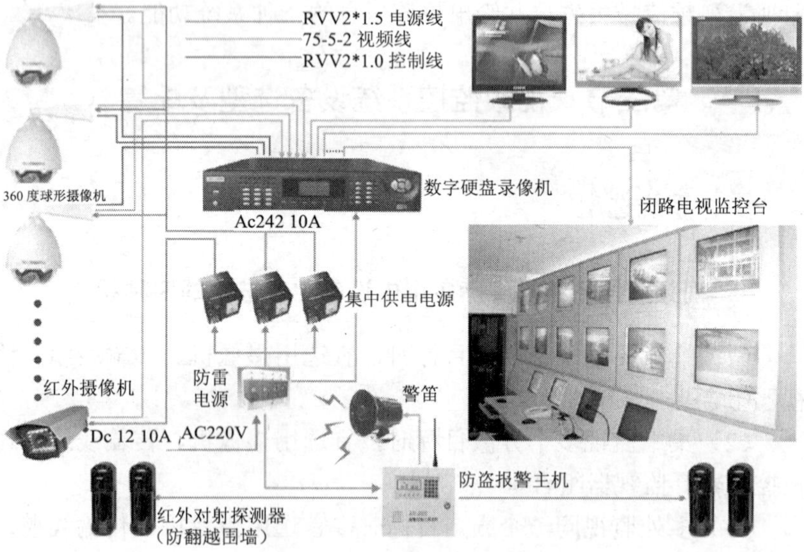

图 2-11　视频监控系统图

二、设备分类、选型

1. 摄像机

摄像机是获取监视现场图像的前端设备，监控系统中使用的摄像机主要是 CCD 摄像机。严格来讲，摄像机是摄像机和镜头的总称。

（1）按成像色彩划分：分为彩色摄像机和黑白摄像机。

彩色摄像机：适用于景物细部辨别，如辨别衣着或景物的颜色。

黑白摄像机：适用于光线不充足地区及夜间无法安装照明设备的地区，在仅监视景物的位置或移动时，可选用黑白摄像机。

（2）按分辨率划分。评估摄像机分辨率的指标是水平分辨率，其单位为线对，即成像后可以分辨的黑白线对的数目。常用的黑白摄像机的分辨率一般为 380～600 线，彩色的为 380～480 线，其数值越大成像越清晰。一般的监视场合，用 400 线左右的黑白摄像机就可以满足要求。而对于医疗、图像处理等特殊场合，用 600 线的摄像机能得到更清晰的图像。

（3）按灵敏度划分。通常用最低环境照度要求来表明摄像机灵敏度，黑白摄像机的灵敏度是 0.02～0.5 lx（勒克斯），彩色摄像机多在 1 lx 以上。0.1 lx 的摄像机用于普通的监视场合；在夜间使用或环境光线较弱时，推荐使用 0.02 lx 的摄像机。与近红外灯配合使用时，也必须使用低照度的摄像机。

（4）按照度划分。

普通型：正常工作所需照度 1～3 lx；

月光型：正常工作所需照度 0.1 lx 左右；

星光型：正常工作所需照度 0.01 lx 以下；

红外型：采用红外灯照明，在没有光线的情况下也可以成像。

参考环境照度：

夏日阳光下：100 000 lx　　阴天室外：10 000 lx

视频台演播室：1 000 lx　　距 60 W 台灯 60 cm 桌面：300 lx

室内日光灯：100 lx　　黄昏室内：10 lx

20 cm 处烛光：10～15 lx　　夜间路灯：0.1 lx

（5）按 CCD 靶面大小划分。CCD 芯片已经开发出多种尺寸，目前采用的芯片大多数为 1/3 英寸（1 英寸=25.4 mm）和 1/4 英寸。在购买摄像头时，特别是对摄像角度有比较严格要求的时候，CCD 靶面的大小，CCD 与镜头的配合情况将直接影响视场角的大小和图像的清晰度。

1 英寸——靶面尺寸为宽 12.7 mm×高 9.6 mm，对角线 16 mm。

2/3 英寸——靶面尺寸为宽 8.8 mm×高 6.6 mm，对角线 11 mm。

1/2 英寸——靶面尺寸为宽 6.4 mm×高 4.8 mm，对角线 8 mm。

1/3 英寸——靶面尺寸为宽 4.8 mm×高 3.6 mm，对角线 6 mm。

1/4 英寸——靶面尺寸为宽 3.2 mm×高 2.4 mm，对角线 4 mm。

（6）按扫描制式划分。分为 PAL 制、NTSC 制。中国采用隔行扫描（PAL）制式（黑白为 CCIR），标准为 625 行 50 场，只有医疗或其他专业领域才用到一些非标准制式。日本是 NTSC 制式，525 行 60 场（黑白为 EIA）。

（7）依供电电源划分。110VAC（NTSC 制式多属此类）、220VAC、24VAC、12VDC 或 9VDC（微型摄像机多属此类）。

（8）按同步方式划分。

内同步：用摄像机内同步信号发生电路产生的同步信号来完成操作。

外同步：使用一个外同步信号发生器，将同步信号送入摄像机的外同步输入端。

电源同步（线性锁定，line lock）：用摄像机 AC 电源完成垂直推动同步。

（9）按外观划分：有机板形、针孔形、半球形、枪式等，如图 2-12 所示。

2．镜头

镜头与 CCD 摄像机配合，可以将远距离目标成像在摄像机的 CCD 靶面上，如图 2-13 所示。

图 2-12 摄像机外形分类

图 2-13 摄像机镜头

（1）按镜头安装方式分类。所有的摄像机镜头均是螺纹口的，CCD 摄像机的镜头安装有两种工业标准，即 C 安装座和 CS 安装座。两者螺纹部分相同，但两者从镜头到感光表面的距离不同。

（2）按摄像机镜头规格分类。摄像机镜头规格应视摄像机的 CCD 尺寸而定，两者应相对应。摄像机镜头规格有 1/2 英寸、1/3 英寸、1/4 英寸，其对应的摄像机 CCD 尺寸分别是 1 /2 英寸、1/3 英寸、1/4 英寸。如果镜头尺寸与摄像机 CCD 靶面尺寸不一致时，观察角度将不符合设计要求，或者发生画面在焦点以外等问题。

（3）以镜头光圈分类。摄像机镜头分固定光圈镜头、手动光圈镜头和自动光圈镜头三大类型。

手动和自动调整光圈都是为了调节光的通光量，使传感器（CCD）感受光量保持在最佳状态。

手动光圈镜头是最简单的镜头，适用于光照条件相对稳定的条件下。手动光圈镜头，可以与电子快门摄像机配合在各种光线下使用。

在照明条件变化大的环境中或不是用来监视某个固定目标，应采用自动光圈镜头。比如在户外或人工照明经常开关的地方，自动光圈镜头的光圈的动作由马达驱动，马达受控于摄像机的视频信号。

自动光圈镜头有两种驱动方式：

一种为视频输入型（Video driver with Amp），这种视频输入型镜头内包含放大器电路，用以将摄像机传来的视频信号转换成对光圈马达的控制。

另一种为 DC 输入型（DC driver no Amp），它利用摄像机上的直流电压来直接控制光圈。

两种驱动方式产品不具可互换性，但现已有通用型自动光圈镜头推出。

（4）以镜头的视场大小分类。摄像机镜头可分为：

①标准镜头：又称为中焦距镜头，视角 30°左右，在 1/2 英寸 CCD 摄像机中，标准镜头焦距定为 12 mm；在 1/3 英寸 CCD 摄像机中，标准镜头焦距定为 8 mm。

②广角镜头：又称为短焦距镜头，视角 90°以上，焦距可小于几毫米，可提供较宽广的视景。

③远摄镜头：又称为长焦距镜头或望远镜头，视角 20°以内，焦距可达几米甚至几十米，此镜头可在远距离情况下将被摄的物体形象加大，但使观察范围变小。

④变倍镜头：也称为伸缩镜头，有手动变倍镜头和电动变倍镜头两类。

⑤可变焦点镜头：它介于标准镜头与广角镜头之间，焦距连续可变，既可使远距离物体放大，同时又可提供一个宽广的视景，使监视范围增加。变焦镜头可设置自动聚焦于最小焦距和最大焦距两个位置，但是从最小焦距到最大焦距之间的聚焦，则需通过手动聚焦实现。

⑥针孔镜头：镜头直径几毫米，可隐蔽安装。

（5）按变焦类型分类。摄像机镜头可分为：手动变焦镜头、电动变焦镜头、固定焦距镜头。

手动变焦镜头的焦距是可变的，它有一个焦距调整环，可以在一定范围内调整镜头的焦距，其变比一般为 2～3 倍，焦距一般为 3.6～8 mm。在实际工程应用中，通过手动调节镜头的变焦环，可以方便地选择监视现场的视场角。

对于大多数视频监控系统工程来说，当摄像机安装位置固定下来后，再频繁地手动变焦是很不方便的，因此工程完工后，手动变焦镜头的焦距一般很少再去调整，而仅仅起到定焦镜头的作用。因而手动变焦镜头一般用在要求较为严格而用定焦镜头又不易满足要求的场合。但这种镜头却受到工程人员的青睐，因为在施工调试过程中使用这种镜头，通过在一定范围的焦距调节，一般总可以找到一个可使用户满意的观测范围，不用反复更换不同焦距的镜头，方便施工。电动变焦镜头中有两个微型电动机，其中一个电动机受控而转动时可改变镜头的焦距；另一个电动机受控转动时可完成镜头的对焦。由于该镜头增加了两个可遥控调整的功能，因而此种镜头也称为电动两可变镜头。

3. 云台

（1）云台的概念。云台是承载摄像机并可进行水平和垂直两个方向转动的装置。云台内装有两个电动机。这两个电动机一个负责水平方向的转动，另一个负责垂直方向的转动。水平转动的角度一般为 350°，垂直转动则有±45°、±35°、±75°等。水平及垂直转动的角度大小可通过限位开关进行调整，如图 2-14 所示。

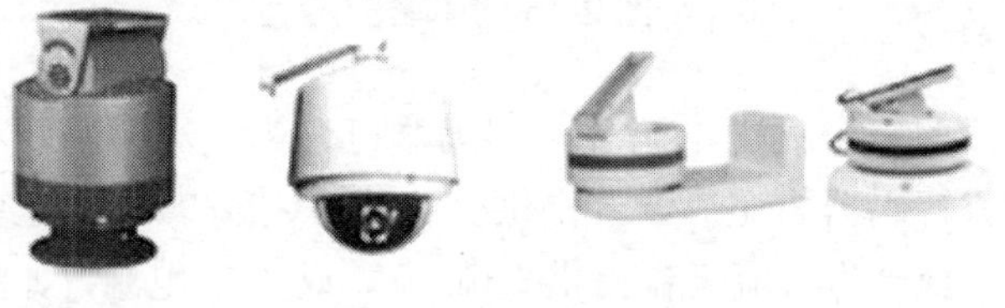

图 2-14　摄像机云台

（2）云台的分类。

①按使用环境分类。云台按使用环境分为室内型和室外型，主要区别是室外型密封性能好，防水、防尘，负载大，有些高档的室外云台除有防雨装置外，还有防冻加温装置。

②按安装方式分类。按安装方式分为侧装和吊装，即云台是安

装在天花板上还是安装在墙壁上。

③按外形分类。按外形分为普通型和球型，球型云台是把云台安置在一个半球形、球形防护罩中，除了防止灰尘干扰图像外，还隐蔽、美观、快速。

4．解码器

解码器，也称为接收器/驱动器（Receiver/Driver）或遥控设备（Telemetry），是为带有云台、变焦镜头等可控设备提供驱动电源并与控制设备如矩阵进行通信的前端设备。通常解码器可以控制云台的上、下、左、右旋转，变焦镜头的变焦、聚焦、光圈以及对防护罩雨刷器、摄像机电源、灯光等设备的控制，还可以提供若干个辅助功能开关，以满足不同用户的实际需要。高档次的解码器还带有预置位和巡游功能，如图 2-15 所示。

室内解码器 LH—2051　　室内外通用解码器 LH—2071　　室外解码器 LH—2041

图 2-15　解码器

（1）按照云台供电电压分。解码器可分为交流解码器和直流解码器。交流解码器为交流云台提供交流 230V 或 24V 电压驱动云台转动；直流云台为直流云台提供直流 12V 或 24V 电源，如果云台是变速控制的还要求直流解码器为云台提供 0～33V 或 36V 直流电压来控制直流云台的变速转动。

（2）按照通信方式分。解码器可分为单向通信解码器和双向通信解码器。单向通信解码器只接收来自控制器的通信信号并将其翻译为对应动作的电压/电流信号驱动前端设备；双向通信的解码器除了具有单向通信解码器的性能外还向控制器发送通信信号，因此可以实时将解码器的工作状态传送给控制器进行分析，另外可以将报警探测器等前端设备信号直接输入到解码器中由双向通信来传诵现场的报警探测信号，减少线缆的使用。

（3）按照通信信号的传输方式分。解码器可分为同轴传输和双绞线传输。一般的解码器都支持双绞线传输的通信信号，而有些解码器还支持或者同时支持同轴电缆传输方式，也就是将通信信号经过调制与视频信号以不同的频率共同传输在同一条视频电缆上。

5. 视频分配器

视频分配器是实现一路视频输入、多路视频输出的功能，使之可在无扭曲或无清晰度损失情况下观察视频输出。通常视频分配器除提供多路独立视频输出外，兼具视频信号放大功能，故也称为视频分配放大器。视频分配放大器以独立和隔离的互补晶体管或由独立的视频放大器集成电路提供 4～6 路独立的 75Ω负载能力，包括具备彩色兼容性和一个较宽的频率响应范围（10Hz～7MHz），视频输入和输出均以 BNC 为端子。

6. 硬盘录像机（Digital Video Recorder，DVR）

DVR 集磁带录像机、画面分割器、视频切换器、控制器、远程传输系统的全部功能于一体。本身可连接报警探头、警号，实现报警联动功能，还可进行图像移动侦测、可通过解码器控制云台和镜头、可通过网路传输图像和控制信号等，如图 2-16（a）所示。

7. 矩阵

重要的功能就是实现对输入视频图像的切换输出。将视频图像从任意一个输入通道切换到任意一个输出通道显示。一般来讲，一个 M×N 矩阵：表示它可以同时支持 M 路图像输入和 N 路图像输出。这里需要强调的是必须要做到任意，即任意的一个输入和任意的一个输出。选择视频矩阵主机时首先要确定自己有多少个摄像机需要控制，是不是还会扩充，把现有的和将来有可能扩充的摄像机数目相加，选择控制器的输入路数。比如学校工业中心监控系统建设中，监控点有 9 个，可是监视器只有 6 个，以后监视点还会扩展到 25 个，那么最少也要有 25 路视频输入给控制主机（由于控制主机大部分以输入、输出模块形式扩充，输入以 8 的倍数递增），所以需要选择 32 个输入主机，如图 2-16（b）所示。

8. 监视器

监视器作为视频监控终端设备，充当着监控人员的“眼睛”，同时也为事后调查起到关键性作用。监视器分类，可以分为黑白和彩色监视器，CRT（阴极射线管）和 LCD（液晶）监视器，如图 2-16（c）所示。

（a）硬盘录像机　　（b）矩阵　　（c）监视器

图 2-16　视频录像机、矩阵、监视器设备

第四节　停车场管理系统

一、简介

停车场管理系统是一个以非接触式智能 IC/ID 卡为车辆出入停车场凭证、以车辆图像对比、证件抓拍管理为核心的多媒体综合车辆收费管理系统，用以对停车场车道入口及出口管理设备实行自动控制、对场内停车按照预先设定的收费标准实行自动收费，同时系统将 IC/ID 卡识别技术和高速的视频图像存储对比技术相结合，通过计算机的图像处理和自动识别，对车辆进出停车场的收费、安保等进行全面而系统的管理。本书以某停车场系统为例做详细介绍。

1．主要控制流程（以 IC 卡为例）

车辆入场时，司机将所持有的本车场的 IC 卡放在入口控制机的读卡区域前读卡，如果读卡有效，自动道闸的闸杆抬起，允许车辆进入，车辆通过入口处的自动道闸后，闸杆自动下落，封闭入口车道。

当车辆出场时，司机在出口控制机的读卡区域读卡，出口控制机在自动判断卡的有效性后，出口处的自动道闸闸杆抬起放行车辆，车辆通过自动道闸后，闸杆自动落下，封闭出口车道。如果停车超期、超时或 IC 卡无效时，出口自动道闸仍处于禁行状态。

对于临时停车的车主，在车辆检测器检测到车辆后，按入口控制机上的取卡按键取出一张 IC 卡，系统自动完成读卡、摄像和放行，在出场时，在出口控制机上读卡并交纳停车费用，同时进行车辆的图像对比，无异常情况时由管理人员开闸放行。

2．系统功能

（1）主控制板采用封闭式拨码开关来设置机号及各种功能，提高设置功能的便捷性，增强系统的稳定性。

（2）主控制板采用双 RC500 读卡模块，机箱读卡天线与出卡机（吞卡机）读卡天线分开，读卡更加稳定。

（3）电源方案：主控制板具有电源稳压、过流自恢复保护功能，12V 开关电源接入主控制板即可工作，语音和显示屏也使用 12V 供电，外接 24V 开关电源只需供给出卡机、吞卡机。

（4）停车场嵌套及小车场的自循环管理：调整入口、出口控制机主控制板上的拨码开关，能够将该控制机设置为大车场入口、大车场出口、小车场入口、小车场出口，满足嵌套车场的 4 种工作模式，小车场支持自循环模式，小车场适用于固定用户，同时也不进行图像对比。

（5）收费标准管理：

①向用户开放收费标准的更改权限。

②系统支持区域性收费标准。

③收费标准的超时免费和其他地域的特殊收费标准可提供更改服务。

（6）不同卡类开闸权限设置功能：通过对控制机主板上拨码开关的选择，可以进行月卡、储值卡、免费卡、临时卡的刷卡开闸/确认开闸功能设置。

（7）用户通行权限控制：

①系统共支持 128 个机号，约合 42 个独立停车场（84 个出入口加 42 个临时卡计费器）。

②每张卡所使用的通道可以进行机号选择。持卡者按事先确定了机号的控制机所在通道通行，在没有确定的机号上读卡无效。

（8）月卡无延期功能。

（9）满位提示和满位禁止读卡功能：

①系统支持下位机控制器 LED 显示屏满位提示功能。

②当车场满位时，系统禁止读卡，并显示满位信息。

（10）在标准的 IC 模式下，系统支持过期 IC 月卡入、出场功能，过期月卡按临时卡处理。

（11）系统入口出卡机功能：

①读卡状态下的按钮取卡，按钮每按一次，出卡机相应出一张卡并读卡，系统连续读三次无效卡会将其回收，然后提示重新取卡并读卡，车主需要重新使用按钮取卡。

②系统上电复位，如果在预发卡区有卡，系统自动收卡，如果系统处于无车取卡状态，则需要按两次出卡按钮，第一次为预发卡，第二次出卡，以后的出卡正常，即按一次出卡一张。

③增加 IC 临时卡出卡机预发卡功能，对每一张临时卡在出卡运行过程中完成检测，并回收无效卡片，经过预读卡检测的有效卡片，在发卡机出卡口处于备用状态，确保停车场用户能够在更短的时间内取到有效卡片并入场。对于 ID 临时卡发卡系统没有预发卡功能。

④对读到的非法卡等，出卡机将卡片回收放入收卡箱，收卡累计箱满 15 张卡片，系统报警，并在 LED 显示屏上提醒检查卡箱的

信息，系统需要重新复位或按清除收卡记录数按钮将收卡箱计数器清零。

⑤系统对正确读到的有效卡发到取卡位置，如果在 20s 内没有从卡口取卡，系统将自动回收并放入收卡箱。

（12）用户可自定义下位控制器 LED 显示屏的显示内容：显示屏最大支持 40 个汉字，80 个字符，字符必须使用半角输入，同时对于自定义加载显示的时间信息不能自动更新。

（13）临时卡计费器。

①具备语音提示输出接口，方便临时卡计费器在系统处于脱机状态下实现临时卡收费管理。

②在 Mifare-1 读卡模块的基础上增加 EM 读卡模块，使同一台临时卡计费器可以实现对 IC 卡和 EM 卡的卡片发行管理和临时用户的出口收费管理。

③增加 LED 显示屏信号输出接口，方便系统增加与停车场控制机显示内容相同的显示屏。

④具备标准 Wiegand 信号接口，方便增加桌面式 ID 读写器。

⑤具备管理道闸备用接口，使临时卡计费器具备驱动开闸，并监控非法开闸的功能。

（14）读卡天线：读卡天线的读写距离和灵敏度，可以通过调节读卡天线上的可调电容进行调整。

（15）关到位读卡功能：入口、出口道闸未关到位之前，系统不接收用户读卡信息，即禁止读卡。

（16）手动开闸检测功能：系统能够存储人工手动开启道闸的记录。道闸长时间未关，每隔 5 min 左右，系统将发出报警信号，并提示闸机未关。

（17）图像对比功能：停车场管理系统可以根据用户的需要增加图像对比功能。图像对比结构为 1 块 MiniA 视频卡监控一条车辆通道，在一进一出的标准控制下，使用两块 MiniA 视频卡分别监控出入口，实时监控车道情况，对出入场的车辆进行图像对比，对于大场套小场的停车场中的小车场出入没有图像对比功能。

（18）完善的一车一卡功能：

①通过硬件可以设置一车一卡，此时配合地感信号使用，地感信号每采集到一次信号，系统打开读写状态，读写灯红色闪烁，按钮取卡有效或可以在面板上读卡，地感信号消失后，系统禁止读卡，读写灯熄灭。

②设置无车取卡，系统将不处理地感信号，读写灯等待读卡时一直闪烁，可以随时读卡。

3．系统功能/模块（表 2-1）

表 2-1 模块名称及说明

模块名称	说 明
系统登录	选择操作员的卡号，输入密码进行登录
IC 卡发行	发行停车场管理系统的操作卡、储值卡、月卡、免费卡、临时卡
ID 卡发行	发行停车场管理系统的 ID 月卡、免费卡、临时卡
操作员管理	设置操作员在停车场管理系统中的使用权限
机号设置	录入停车场机号及其位置
在线监控	监控车辆出入、道闸状态、出卡机状态、地感上有无车辆，查询场内车辆信息等
提取记录	读取读卡控制机的记录，上传至服务器数据库中
车场设置	设置出入口控制器的机号及开闸状态设置，设置图像存放的路径、监控道闸状态、有折扣、总车位数、出卡机、大小停车场、车位显示等信息
控制机设置	加载/读取控制器的日期时间和收费标准，清除读写器、重写黑名单、LED 显示屏自定义加载
卡号下载	当选择下载卡号有效时，所发行的月卡、免费卡必须下载到控制器中才能正常使用，此时有无卡延期功能
卡片检测	检测 IC 卡的信息
卡片挂失	挂失 IC 卡
卡片解挂	挂失过的 IC 卡进行恢复
车辆收费查询	查询所有车辆的入场时间、出场时间、收费金额、操作员等信息
场内记录查询	查询停车场场内车辆的入场时间、IC 卡号、类型等信息

模块名称	说　明
汇总报表	有日报表、月报表、年报表
记录清理	停车场进出记录发生混乱时，可将所有记录清空
记录归档	停车场使用一段时间后，将部分数据记录转换到一个备份档案库中
归档记录清理	清除备份档案库

二、系统构成

停车场管理系统分为三个部分，如图 2-17 所示。

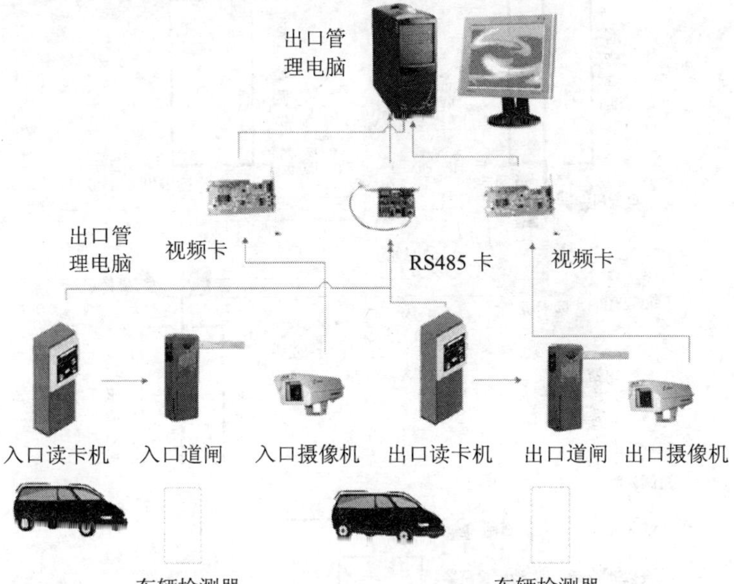

图 2-17　停车场系统

（1）入口设备：栏杆机（或称道闸）、车辆检测器、入口验票机（或读卡器、读卡机）、入口摄像机、剩余车位显示屏等其他选配。

（2）出口设备：栏杆机（或称道闸）、车辆检测器、出口验票机（或读卡器、读卡机）、出口摄像机等其他选配。

（3）管理中心设备：管理服务器、发卡器、临时卡计费器等。

一般在有图像对比的系统中，一台电脑只控制一进一出；在无图像对比的系统中，一台电脑可控制三进三出（6 台读卡控制机）；一套系统中最大可有 128 台读卡控制机。

三、系统安装

1．设备安装位置管线图

图 2-18 以安全岛为例，说明停车场管理系统安装位置及管线图。

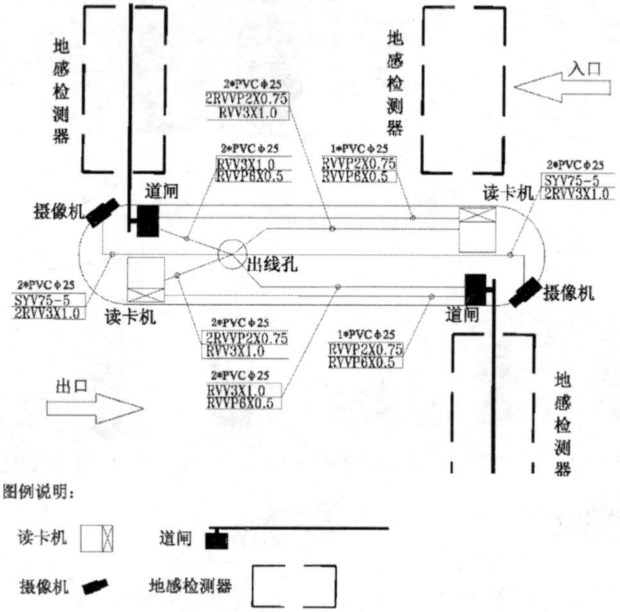

图 2-18　停车场管理系统安装位置及管线图

2．道闸安装技术要求

（1）闸机固定：将道闸竖直安放在混凝土地面上或道闸基础上或安全岛上，根据客户要求及参照现场情况，摆放好道闸安装的位置，打开道闸的门，用铅笔在固定孔上画好固定螺丝的位置，将道闸移开用ϕ14 的冲击钻头打好固定螺丝，但注意安装位置下的管线不要损坏，再用ϕ12 膨胀螺丝固定闸机，每个螺丝上一定要加装垫片、簧垫，固定好闸机后，闸机一定要棉布拭擦干净，保持清洁。

（2）闸机接线：

①接线前检查机箱内线标识是否清晰，否则请做好线标。

②尺量线到机箱接线端子长度，留 1 m 余量的线后剪断多余的线。

③用压线钳把套上冷压端子的线压好，再把压上冷压端子的线依照接线图接到机箱端子上。

④检查接好的线是否接正确，端子是否拧紧。

（3）注意事项：

①安装道闸是一定要将电源与控制线分开布设在 PVCϕ25 的线管。严格按强弱电分开布设的规范进行施工。

②道闸的电源地一定要与接地端接触良好，保持与大地通畅，通信线屏蔽层一端接地，可以与 220V 的地共在一起，但一定要保持接地端接地良好。

3. 读卡机安装技术要求

（1）读卡机固定：将读卡机竖直安放在混凝土地面上或读卡机基础上或安全岛上，根据客户要求及参照现场情况，摆放好读卡机安装的位置，打开读卡机的门，用铅笔在固定孔上画好固定螺丝的位置，将读卡机移开用ϕ14 的冲击钻头打好固定螺丝，必须 4 个孔全部打螺丝，然后固定读卡机，每个螺丝上一定要加装垫片、簧垫，固定好读卡机以后，读卡机一定要保持平整、清洁。

（2）读卡机接线：

①接线前检查机箱内线标识是否清晰，否则请做好线标。

②尺量线到机箱接线端子长度，留 1 m 余量的线后剪断多余的线。

③用压线钳把套上冷压端子的线压好，再把压上冷压端子的线依照接线图接到机箱端子上。

④检查接好的线是否接正确，端子是否拧紧。

（3）注意事项：

①安装读卡机时一定要将电源与控制线、通信线、对讲线分开布设在 PVCϕ25 的线管。严格按强弱电分开布设的规范进行施工。

②读卡机的电源地一定要与接地端接触良好，保持与大地通畅，通信线屏蔽层一端接地，可以与 220V 的地共在一起，但一定要保持接地端接地良好。

③非客户特殊要求，现有的设备垂直投影不能超出安全岛。

4．地感线圈施工技术要求

（1）线圈材料：在理想状况下（不考虑一切环境因素的影响），电感线圈的埋设只考虑面积的大小（或周长）和匝数，可以不考虑导线的材质。但在实际工程中，必须考虑线导线的机械强度和高低温抗老化问题，在某些环境恶劣的地方还必须考虑耐酸碱腐蚀问题。

由于导线一旦老化或抗拉伸强度不够导致导线破损，则检测器将不能正常工作。在实际的工程中，建议采用 1.0 mm 以上铁氟龙高温软导线。

（2）线圈形状：

①矩形安装：通常探测线圈应该是长方形。两条长边与金属物运动方向垂直，彼此间距推荐为 1 m。长边的长度取决于道路的宽度，通常两端比道路间距窄 0.3～1 m，如图 2-19 所示。

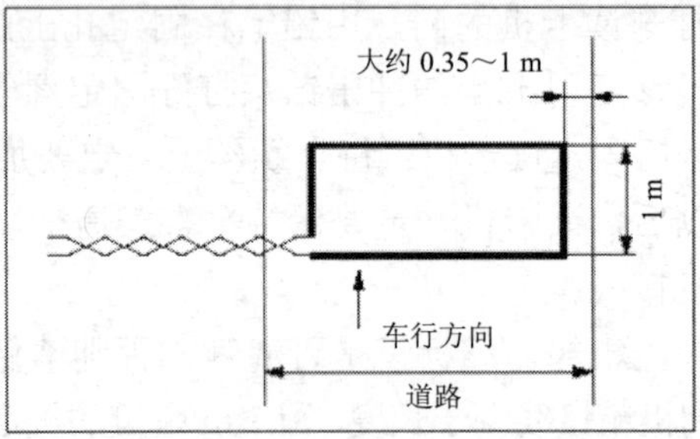

图 2-19　矩形地感线圈安装

②倾斜 45°安装：在某些情况下需要检测自行车或摩托车时，可

以考虑线圈与行车方向倾斜 45°安装，如图 2-20 所示。

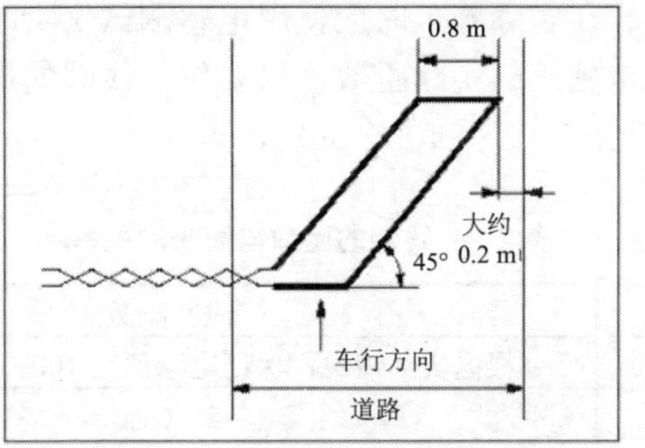

图 2-20　倾斜 45°的地感线圈安装

③“8”字形安装：在某些情况下，路面较宽（超过 6 m）而车辆的底盘又太高时，可以采用此种安装形式以分散检测点，提高灵敏度。这种安装形式也可用于滑动门的检测，但线圈必须靠近滑动门，如图 2-21 所示。

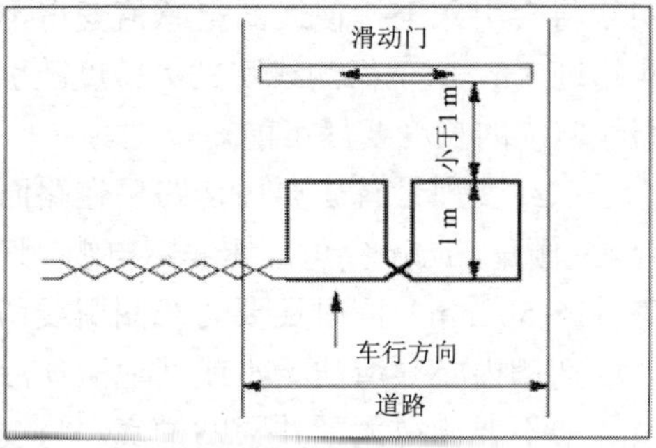

图 2-21　“8”字形安装的地感线圈

（3）线圈的匝数：为了使检测器工作在最佳状态下，线圈的电感量应保持在 100～300 μH。在线圈电感不变的情况下，线圈的匝数与周长有着重要关系。周长越小，匝数就越多。一般可参照表 2-2。

由于道路下可能埋设有各种电缆管线、钢筋、下水道盖等金属物质，这些都会对线圈的实际电感值产生很大影响，所以表 2-2 的数据仅供参考。在实际施工时应使用电感测试仪实际测试电感线圈的电感值来确定施工的实际匝数，只要保证线圈的最终电感值在合理的工作范围之内（如在 100～300 μH）。

表 2-2 线圈的匝数与周长的关系

线圈周长	线圈匝数
3 m 以下	根据实际情况，保证电感值在 100～200 μH 即可
3～6 m	5～6 匝
6～10 m	4～5 匝
10～25 m	3 匝
25 m 以上	2 匝

（4）输出引线：在绕制线圈时，要留出足够长度的导线以便连接到环路感应器，又能保证中间没有接头。绕好线圈电缆以后，必须将引出电缆做成紧密双绞的形式，要求最少 1 m 绞合 20 次。否则，未双绞的输出引线将会引入干扰使线圈电感值变得不稳定。输出引线长度一般不应超过 5 m。由于探测线圈的灵敏度随引线长度的增加而降低，所以引线电缆的长度要尽可能短。

（5）埋设方法：线圈埋设首先要用切路机在路面上切出槽来。在四个角上进行 45°倾角，防止尖角破坏线圈电缆。切槽宽度一般为 4～8 mm，深度 30～50 mm。同时还要为线圈引线切一条通到路边的槽。但要注意：切槽内必须清洁无水或其他液体渗入。绕线圈时必须将线圈拉直，但不要绷得太紧并紧贴槽底。将线圈绕好后，将双绞好的输出引线通过引出线槽引出。

在线圈的绕制过程中，应使用电感测试仪实际测试电感线圈的电感值，并确保线圈的电感值在 100～300μH。否则，应对线圈的匝数进行调整。

在线圈埋好以后，为了加强保护，可在线圈上绕一圈尼龙绳。最后用沥青或软性树脂将切槽封上。

四、系统接线图（图 2-22）

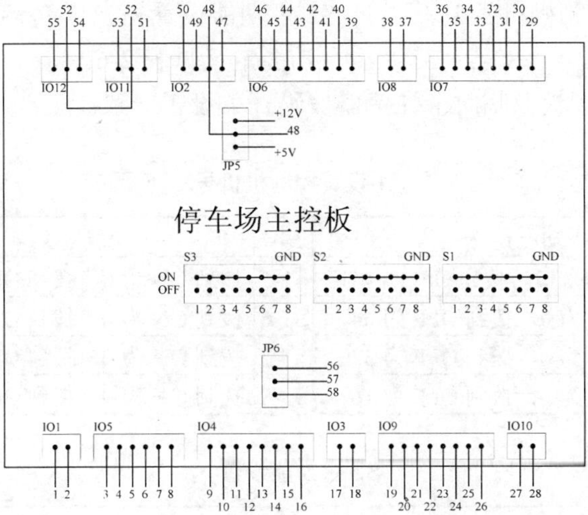

IO1: 电源输入接口

1、2: AC/DC12V电源输入

IO5: 地感输入及报警输出接口

3 (+12V): 直流+12V输出，接地感处理器开关量一端
4 (DGIN): 地感开关量输入端，接地感处理器开关量另一端
5 (DGOUT):地感信号输出
6 (GND):地感信号输出，外接地
7 (ALARM): 非法开闸报警信号输出
8 (GND): 非法开闸报警信号输出，外接报警信号地

IO4: 道闸控制接口

9 (+12V): 直流+12V输出
10 (OPEN): 开闸信号输出，高电平输出
11 (+12V): 直流+12V输出
12 (STOP): 停闸信号输出，接入道闸控制器停
13 (CLOSE): 关闸信号输出，接入道闸控制器关
14 (OPENEND): 道闸开到位输入，接道闸开到位信号
15 (CLOSEEND): 道闸关到位输入，接道闸关到位信号
16 (GND): 外接道闸控制器地

IO3: RS485通讯接口

17 (B): 通讯RS485B端
18 (A): 通讯RS485A端

IO9: 吞卡机控制接口

19 (+12V): 直流+12V输出
20 (OUTA): 输出A(备用)
21 (OUTB): 输出B(吞卡机收卡信号输出)
22 (OUTC): 输出C(吞卡机退卡信号输出)
23 (INA): 输入A(吞卡机卡到位信号)
24 (INB): 输入B(外接清收卡记录按钮)
25 (INC): 输入C(外接发卡按钮)
26 (GND): 主控板地

IO10: 扩展显示输入或开闸输出(干结点信号)接口

27 (LS+5V): 扩展显示屏电源输入端(+5V)，或开闸信号1
28 (LS-): 扩展显示屏信号输入端(LED)，或开闸信号2
注：做开闸输出时，主控板上电阻R15去掉

IO7: 指示灯及喇叭输出接口

29 (LEDA): 客户状态指示灯，接机箱指示灯板LEDA-RED
30 (GND): 外接机箱状态指示灯板GND，或提示音喇叭一端
31 (LEDB): 系统状态指示灯，接机箱指示灯板LEDA-GREEN
32 (DGLED): 地感状态指示灯，接机箱指示灯板DGLED
33 (SPEAK): 提示音喇叭另一端或接机箱指示灯板SPEAK
34 (OPENLED): 开闸指示灯，接机箱指示灯板OPENLED
35 (VOICE-): 接语音喇叭一端
36 (VOICE+): 接语音喇叭另一端

IO8: 显示屏输出接口

37 (+5V): 直流+5V输出，接显示屏+5V
38 (LED): 输出显示屏信号，接显示屏LED

IO6: 出卡机控制接口

39 (+12V): 直流+12V输出，供出卡机控制板+12V电源
40 (CKEN): 出卡机卡到位信号输入
41 (CKIN): 收卡信号输出
42 (CKOUT): 发卡(出卡)信号输出
43 (CK2): 出卡机卡量少信号输入
44 (CK1): 出卡机卡出错信号输入
45 (CK0): 出卡机卡箱空信号输入
46 (GND): 出卡机+12V对应地

IO2: 维根读头接口

47 (GND): 外接维根读头地
48 (+12V/+5V): 外接维根读头电源+12V或+5V输出
49 (WB): 维根输入B或D1
50 (WA): 维根输入A或D0

JP5: 维根读头电源供给选择(5V/12V)

IO11: 面板天线接口

51、53 (TX1、TX2): 接面板天线
52 (GND): 接天线屏蔽层

IO12: 出卡机或吞卡机天线接口

54、55 (TX1、TX2): 接出卡机或吞卡机天线

JP6: 继电器开闸信号输出控制选择

56、57短路：开闸信号与IO4的OPEN信号相同
57、58短路：开闸信号与IO9的OUTA信号相同(非标扩展用)

图 2-22 停车场系统图

五、硬件功能设置

S1 设置控制机机号见表 2-3。S2 主功能设置见表 2-4。S3 辅助功能设置见表 2-5。S3-5～S3-8 组合功能定义见表 2-6。

注意：主控板及临时卡计费器拨码开关设置一致。

表 2-3　S1 设置控制机机号

编号	功能定义	编号	功能定义
S1-1	拨到 ON 为入口、拨到 OFF 为出口	S1-5	拨到 ON 为 0，拨到 OFF 为 8
S1-2	拨到 ON 为 0，拨到 OFF 为 64	S1-6	拨到 ON 为 0，拨到 OFF 为 4
S1-3	拨到 ON 为 0，拨到 OFF 为 32	S1-7	拨到 ON 为 0，拨到 OFF 为 2
S1-4	拨到 ON 为 0，拨到 OFF 为 16	S1-8	拨到 ON 为 0，拨到 OFF 为 1

表 2-4　S2 主功能设置

编号	功能定义	编号	功能定义
S2-1	拨到 ON 为道闸关到位才能读卡	S2-5	拨到 ON 为免费卡手动开闸，拨到 OFF 为免费卡自动开闸
S2-2	拨到 ON 为下载卡号有效	S2-6	拨到 ON 为月卡手动开闸，拨到 OFF 为月卡自动开闸
S2-3	拨到 ON 为临时卡手动开闸，拨到 OFF 为临时卡自动开闸	S2-7	拨到 ON 为 ID 卡手动开闸，拨到 OFF 为 ID 卡自动开闸
S2-4	拨到 ON 为储值卡手动开闸，拨到 OFF 为储值卡自动开闸	S2-8	拨到ON为场内小车场，拨到OFF为大车场

表 2-5　S3 辅助功能设置

编号	功能定义	编号	功能定义
S3-1	拨到 ON 为无车取卡，拨到 OFF 为一车一卡	S3-3	拨到 ON 为中央收费时的收费机，拨到 OFF 为标准收费
S3-2	拨到 ON 为实行月卡过期处理（过期按临时卡收费），拨到 OFF 为无月卡过期处理	S3-4	拨到 ON 为中央收费出口机，拨到 OFF 为标准收费

表 2-6　S3-5～S3-8 组合功能定义

收费方式	功能定义
标准收费	S3-5=OFF；S3-6=OFF；S3-7=OFF；S3-8=OFF
北京收费	S3-5=OFF；S3-6=OFF；S3-7=ON；S3-8=OFF
广州收费	S3-5=OFF；S3-6=ON；S3-7=OFF；S3-8=ON
深圳收费	S3-5=OFF；S3-6=ON；S3-7=ON；S3-8=ON

六、软件使用

1．对计算机系统配置要求

在安装软件之前，请先了解您所使用的管理电脑的配置情况。本软件要求安装的基本配置：Windows 98/ME 或 Windows 2000/XP 操作系统；奔腾Ⅳ2.0 或更高的处理器（CPU）；40GB 以上硬盘；256MB 或更大的内存；支持分辨率 800×600、1 024×768 或以上，32 位真彩显示器。

2．对管理系统使用者的要求

该停车场管理系统使用者分为操作员和管理员两种。

（1）管理员享有最高权限，负责系统设置、卡片管理等工作。

（2）操作员主要负责对进出车辆的管理。

3．软件部分功能说明

（1）IC 卡管理（一卡通）：

①IC 卡发行。

②IC 卡充值、延期、退款。

③IC 卡挂失、解挂、退卡。

④IC 卡初始化。

（2）ID 卡管理（一卡通）：

①ID 卡发行。

②ID 卡挂失及解挂。

（3）查询报表：

①卡片发行报表：该项功能对系统所发行的各类卡的发行信息进行统计、查询，提供查询和打印服务。

②发行金额报表：该项功能对系统所发行的各类卡的金额信息进行统计、查询，提供查询和打印服务。

③卡片延期报表：该项功能对系统所有延期的各类卡的信息进行统计、查询，提供查询和打印服务。

④卡片挂失报表：该项功能对系统所有挂失的各类卡的信息进行统计、查询，提供查询和打印服务。

（4）监控管理：在线监控。

（5）联机操作：

①控制机设置：该功能是监控电脑对所管理的出入口控制机进行设置。

②提取记录：该功能用于在线运行的入出口控制机中的记录。

（6）IC 卡管理：

①卡号下载：此功能主要是针对 ID 月卡、ID 免费卡（或 IC 月卡要求无卡延期）起作用，发行过的或延期过的月卡、免费卡都必须重新下载才能正常使用，同时要求下位机相应设置为下载卡号有效。

②卡片挂失：由于不慎将卡片丢失或暂时找不到所使用的卡片时，为避免造成损失，需要将该卡片进行挂失。

③卡片解除挂失功能。

④卡片检测：该功能主要是检测 IC 卡中的信息。将要检测的 IC 卡放在与计算机连接的临时卡计费器上读卡，读卡后，该窗口则显示卡中相关的信息，如卡号、卡类、车牌号、卡的有效日期、是否已入场、入场日期时间、剩余金额等。

（7）查询报表：通过查询管理可以查询场内车辆的情况、收费的情况以及 IC 卡的挂失情况，也可以输出打印报表。

①车辆收费查询：除显示具体出入场数据外，还统计出月卡数、

免费卡数、临时卡数、储值卡数、总车数、总收费额、总应收额。

②场内车辆查询：在“查询条件”页中可以按“时间”、“字段名”、“关系”、“操作符”、“值”等设定查询条件进行查询，字段名中包括：IC卡类型、IC卡号码、车牌号码、入场名、入场操作员，同时还可以选择不同的字段进行排序。

③汇总报表：在使用停车场管理系统的过程中，需要对已经收取的停车费用进行统计和管理，因此在报表管理中，需要统计并打印出收费情况的日、月、年报表。

七、系统调试

1. 系统电气参数

工作电压：AC220V/50Hz

工作环境温度：－30～65℃

相对湿度：≤95%

IC卡读卡距离：*L*≤90 mm（与卡片及读卡部分有关）

通信接口：RS—485

通信最长距离：1 200 m

黑名单容量：10 000条

脱机存储容量：10 000条

2. 上电前电气接线检查

说明：先按电气接线检查入口读卡控制机、出口读卡控制机、道闸、电脑等相关设备连接是否正确，主要检查接线端子是否松动、接触不良，是否有线头裸露，使用万用表检查是否有短路等现象。

断开输入电源开关，检查控制器内所有的输入输出接线端子是否松动，如果发现松动，将接插件拔下重新安装，确保接插件接触良好。逐一检查每一根电线的接线端子处是否有松动和接触不良，如果发现需要重新接好。

内部短路检查：将万用表设置在二极管测试挡位，将红黑表笔短接，万用表蜂鸣器鸣叫，确定万用表该挡位工作正常，将两只表笔放在电源开关的输出端，蜂鸣器不鸣叫，说明输入端的220V交流电没有短路现象；将控制板主芯片拔下，将万用表的红表笔接芯片插座的40（5V电源）脚，黑表笔接插座的20（GND地），如果蜂鸣器鸣叫，证明电路板内部有短路现象，其他操作不应再进行，请技术人员进行相应的处理，如果蜂鸣器不鸣叫，但万用表显示数字有变化，为正常现象。

3．上电初始化控制器信号检查

说明：主要检查芯片工作电压是否正常。

将主控板的芯片和语音板拆下，同时将读卡模块也同时拆下，接通输入电源，测量电源开关的输入的两个端子的电压，如果电源电压在交流 220V±15%范围之内，接通控制机内的电源开关，将万用表直流电压挡位，将红表笔接主芯片插座的40（5V电源）脚，黑表笔接插座的20（GND地），电压是否在4.65～5.5V之内，如果在此范围之内，系统电压正常，关电源，插上芯片、语音板和读卡模块。

接通电源开关，系统发出“嘟”的一声，如果将 S3-1 设置为ON，系统处于无车取卡状态，主控板系统工作指示灯闪烁红色，且速度均匀，语音板的工作指示灯红色也以一定的2次/s左右的频率亮灭。LED显示屏首先显示“××公司”，接下来滚动显示××公司研制电话号码和现在时间，显示屏显示亮度均匀，无缺点，LED显示时钟能够变化。

电气图纸中的接线端口IO3的17、18两个端子为485的A、B两项，在没有与上位机电脑的485卡连接之前，A、B两项电压在2.0V左右，将上位机485连接，保证A/B两项相互对应，连接后的电压应控制在4.6V左右。

入口控制机出卡机出卡测试，短接接线端口IO6的40、39脚，出卡机马达开始转动工作，证明出卡机信号工作正常。

道闸接线工作检测，按图纸将道闸线同控制器正确连接，使用三联按钮手动开闸，约等待 4 s，控制机发出“嘀”“嘀”连续两声，如果闸机长期没有关闭，每隔一段时系统发出“嘟”“嘟”连续两声，LED 显示屏显示“闸机未关”信息提示。

随机读一张未发行的用户卡，系统应该提示此卡无效。

地感输入信号检测，将万用表置在直流 20V 电压挡，表笔放在接线端口 IO5 的 3、4 两个端子，电压显示 12V 左右，接上地感线圈，在地感线圈上放上铁板，地感控制器发出“咔嗒”一声，地感的绿色指示灯亮，这时万用表的显示电压为 0，移开铁板，地感控制器再次发出“咔嗒”一声，绿色指示灯熄灭，万用表显示重新恢复 12V 左右，说明地感感应器工作正常，地感信号输入正常。如果将 S3-2 拨到 OFF，读卡指示灯熄灭，此时处于一车一卡，将铁板再次压在地感线圈，读写器指示开始闪亮，如果设置为入口，系统屏提示“请读卡，无卡请取卡并带卡入场”信息，如果为出口，系统提示“请读卡，临时车辆请交费交卡”，地感指示灯显示黄色，系统移开铁板，地感灯熄灭，读写指示灯同时熄灭。

4．联机测试

按照 S1 功能键的定义，设置硬件的出入口和机号；进入一卡通管理软件，设置软件的出入口，与硬件的功能设置保持一致，然后看是否能与下位机联机通信成功，如果成功，进入读写器设置，执行时间加载读取、收费标准的加载读取、LED 显示屏自定义加载测试。如果不能建立通信，使用串口通信工具诊断问题。

机号设置测试，选择 1、63、127 三个点，以及随机抽几个值设置为机号，软件保持一致，联机通信，确定机号在 1～127 范围内可以设置。

发行各类卡片，能够发行成功。

①读本系统卡片，硬件设备应有相关语音、显示信息提示（月卡、免费卡提示可用日期信息；储值卡提示交费信息或余额信息；临时卡提示交费金额信息）。

②压地感，读卡机上黄色的指示灯处于亮的状态，同时应有相

应的语音、显示信息提示。

③出卡机中放入本系统正常使用的临时卡片，按出卡按钮，若有地感信号则会出卡，若无地感信号则无响应；其他卡类或异常卡，在有车状态下按出卡按钮，将卡片直接回收。

④LED 显示屏显示亮度均匀，无缺点，时钟能够自动变化和加载变化。

⑤语音提示信息应清晰、响亮，并且可以调节音量。

⑥读卡控制机显示的时间应能够正常走动，准确。

⑦压地感，系统处于读卡状态（此时 S3-1 拨成 OFF），读卡机上的红色指示灯应均匀闪烁。

5．手动开闸测试

下位机与道闸接通，保证开闸、开闸到位，关闸、关闸到位、停止信号线接线完整正确。

脱机测试：手动开闸，下位机在 3～4s 后发出“嘀”“嘀”连续两声报警，记录保存，提取记录，在收费查询中，该手动开闸记录存在。

在线测试：手动开闸，下位机在 3～4s 后发出“嘀”“嘀”连续两声报警，记录上传至“在线监控”界面，卡类为手动开闸，卡号为 0000000，同时记录保存到数据库，在收费查询中，该手动开闸记录存在。

八、故障处理与分析

1．通信不通

（1）引起原因：①机号设置不正确；②管理软件通信端口设置有误；③RS485 通信卡损坏；④通信线路存在故障或串扰；⑤控制机存在问题；⑥电脑串口有问题；⑦管理软件中的通信控件有问题。

（2）处理方法：检查机号设置是否正确、机号跳线接触是否良好、管理软件通信端口是否设置有误；检查电脑与控制机间的通信线路是否正常、有无断路、短路，RS485 卡端的 A、B 通信线应有 5V 左右的电压等；如果以上各种设置正确和线路都正常可能是读卡控制机的主板损坏。

2．无图像

（1）引起原因：①摄像机部分功能是否完好；②视频线是否正确，无异常；③视频捕捉卡是否正确、无误，视频捕捉卡驱动程序是否安装好；④软件设置是否正确。

（2）处理方法：用良好的摄像机、视频线替换以验证摄像机、视频线是否良好；在电脑设备管理中查看视频捕捉卡的驱动程序有无安装、安装是否正确，无安装则把它安装好，安装不正确则把它删除，然后重新安装；如果电脑没有检测到视频捕捉卡，可拆下视频捕捉卡安装到另一个 PCI 插槽或装在另一台电脑上，如果电脑还是检测不到则说明视频捕捉卡已损坏。

3．出入口不能图像对比或查询时图像调不出来

（1）引起原因：①图像保存路径不正确；②图像保存路径过长；③出入口共用一个摄像机。

（2）处理方法：①图像路径重新设置；②根据软件使用系统设置中的图像对比设置方法设置好。

4．不能登录软件

（1）引起原因：①网络连接存在问题；②filedsn.dsn 文件中参数设置存在问题；③软件安装包存在问题。

（2）处理方法：①检查网络连接是否异常，是否存在丢包现象；②检查 filedsn.dsn 文件中的数据库设置、登录名、登录验证密码等是否存在问题（与数据库的验证方式有关）；③软件安装包存在问题，可先安装一个正常的软件后再将该软件卸载，重新安装存在问题的安装包即可。

5．进入在线监控提示“没找到车位显示硬件或通信不通”

（1）引起原因：通信线路故障、剩余车位显示屏损坏、软件设置有误通信协议不兼容。

（2）处理方法：检查通信线路有无断路、短路；查看管理软件中剩余车位显示屏的通信端口及相关设置是否有误；如果通信线路正常、软件设置无误还出现通信不通，可能是剩余车位显示屏损坏。

6．出卡机不出卡

（1）引起原因：出卡机死机、线路出现故障、出卡机损坏。

（2）处理方法：出现出卡机不出卡现象时先将控制机断电，再次上电看是否正常；按控制机接线图检查出卡机部分线路是否出现断路或短路；如果线正常可能是出卡机损坏。

7．无语音提示

（1）引起原因：语音音量被调到最小、喇叭损坏、线路故障、主板损坏。

（2）处理方法：语音音量被调到最小，可调节主板上的电位器验证；喇叭损坏，可用万用表测喇叭两端电阻是否与标识的电阻一致，如果出现开路说明喇叭损坏；线路故障，按控制机接线图查看语音部分线路是否出现故障；如果故障还不能排除可能是主板损坏。

8．读卡控制机读卡后不能使道闸开启

（1）引起原因：开闸线路出现故障、读卡控制机主板损坏、道闸损坏。

（2）处理方法：把读卡控制机外部接口的道闸控制器 Vcc 和开输出短接，此时道闸若开启说明开闸线路和道闸都是正常的，是控制机出现故障；短接后道闸若不开启，就直接到道闸控制器端上短接 Vcc 和 OPEN，此时道闸若不开闸则道闸出现故障，道闸开闸则通信线路出现故障。

9．登录系统时提示“系统菜单有变动，请把[操作员表]与[权限表]清空”

处理方法：请检查数据库脚本是否运行。

10．软件运行时出现“某某存储过程或表未找到”

处理方法：数据库脚本不完整，须更换数据库脚本。

九、保养与维护

1．硬件维护常识

（1）定期为读卡控制机内的发卡机、收卡机、控制机内的散热风扇、电路板等部件除尘；对于剩余车位显示屏、满位灯箱等配套设备也必须定期除尘。除尘时一般选用柔软的毛扫，以免损坏各器件。

（2）定期检查读卡控制机内的散热风扇工作是否正常，以保证控制机内散热良好。

（3）定期检查各设备的地线连接是否良好，以保证设备用起来安全可靠。

2．软件维护常识

（1）定期对数据库进行备份以防止数据库或操作系统被破坏，造成数据丢失。数据备份一般备份到安全可靠的计算机上。

（2）定期对数据库进行归档，以提高查询、统计速度。

（3）管理软件一般安装到系统盘，管理软件的安装目录下不能再存放或安装其他程序文件，以防止其他程序文件对管理软件进行破坏。管理软件安装目录下的所有文件也不能删除修改。

第五节　综合布线技术

一、概述

智能化建筑是利用系统集成方法，将智能型计算机技术、通信技术、信息技术与建筑技术有机结合，通过对设备的自动监控、对信息资源的管理和对使用者的信息服务及其与建筑的优化组合，所获得的一种投资合理、适合信息社会需要并具有安全、高效、舒适、便利和灵活的建筑物。

随着世界经济与高科技的不断发展、世界经济与文化交流的全球化，对环境要求越来越高。业主从使用角度，除去对楼宇的传统要求外，在大厦的机动性、安全性、舒适性、经济性与信息化等方面均提出更高的要求。

综合布线系统是全开放式的布线系统，它具有一套全系列的适配器，可以将不同厂商设备的不同传输介质全部转换成相同的非屏蔽双绞线，通过双绞线可传输语音、数据、图像、视频信号、楼宇自控信号等；采用光纤可远程高速传输数据、高清晰度图像信号，可支持目前所有数据及话音设备厂商的系统。

由于所有信息系统采用相同的传输介质及物理星形布线方式，因此所有信息通道是通用的，每条信息通道可支持电话、传真、多用户终端、以太网工作站、令牌环站及 ATM 站等。所有设备的开通及更改均不需改变系统布线，只需增减相应的网络设备及做必要的跳线管理即可；系统组网也可灵活多样，甚至在同一房间内可以多用户终端、10Base-T 站、令牌环站并存，各部门既可独立组网又可方便地互连，为合理组织信息流提供了必要条件。

综合系统所采用高品质的标准材料采用组合压接的方式构成一套高标准信息通道，所有器件均通过 UL、CSR 及 ATM 认证，每条信息通道都要采用专用仪器校核线路阻抗及衰减率以保证其电气性能。系统布线全部采用物理星形拓扑，点到点端接，任何一条线路故障均不影响其他线路的运行，同时为线路的运行维护及故障检修提供了极大的方便，从而保障了系统可靠运行。各系统采用相同传输介质，因而可互为备用，提高了备用冗余度。

综合布线系统采用极富弹性的布线概念，采用光纤与双绞线混布方式，极为合理地构成一套完整的布线系统。所有布线均采用世界最新通信标准，所有信息通道均按 AWAYA 标准，采用八芯配置，数据最大传输速率可达到 1 000Mbps，对于重要部门可支持光纤到桌面的应用，干线光缆可设计为 1 000M 带宽，为将来的发展提供了足够的余量。通过主干通道可同时传输多路实时多媒体信息，同时物理星形的布线方式为发展交换式网络奠定了坚实基础。

二、综合布线的组成

从功能上看，综合布线系统包括工作区子系统、水平子系统、管理子系统、垂直干线子系统、设备间子系统、建筑群子系统，如图 2-23 所示。

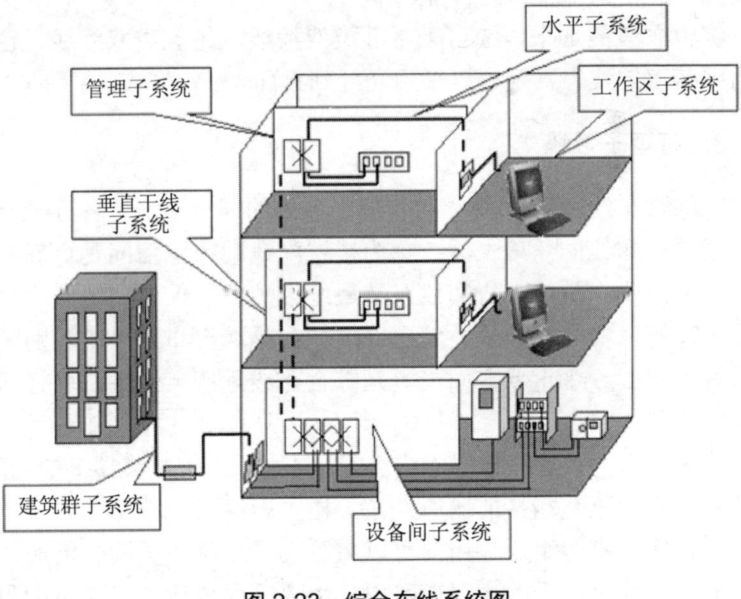

图 2-23　综合布线系统图

1．工作区子系统

工作区指从由水平系统而来的用户信息插座延伸至数据终端设备的连接线缆和适配器组成。工作区的 UTP/FTP 跳线为软线（Patch Cable）材料，即双绞线的芯线为多股细铜丝，最大长度不能超过 5 m。

2．水平子系统

水平子系统指从楼层配线间至工作区用户信息插座。由用户信息插座、水平电缆、配线设备等组成。综合布线中水平子系统是计算机网络信息传输的重要组成部分。采用星形拓扑结构，每个信息点均需连接到管理子系统。由 UTP 线缆构成。最大水平距离不超 90 m。指从管理间子系统中的配线架的 JACK 端口至工作区的信息插座的电缆长度。工作区的 patch cord、连接设备的 patch cord、cross-connection 线的总长度不能超过 10 m。水平布线系统施工是综合布线系统中最大量的工作，在建筑物施工完成后，不易变更。因此要施工严格，保证链路性能。

综合布线的水平线缆可采用五类双绞线、超五类双绞线，也可采用屏蔽双绞线，甚至可以采用光纤到桌面。

3．管理子系统

在综合布线 6 个系统中对管理子系统的理解定义上各标准有所差异，单从布线的角度上看，称为楼层配线间或电信间是合理的，而且也形象化；但从综合布线系统最终应用——数据、语音网络的角度去理解，称为管理子系统更合理。它是综合布线系统区别于传统布线系统的一个重要方面，更是综合布线系统灵活性、可管理性的集中体现。

管理子系统设置在楼层配线房间、是水平系统电缆端接的场所，也是主干系统电缆端接的场所；由大楼主配线架、楼层分配线架、跳线、转换插座等组成。用户可以在管理子系统中更改、增加、交接、扩展线缆。用于改变线缆路由。建议采用合适的线缆路由和调整件组成管理子系统。

管理子系统提供了与其他子系统连接的手段，使整个布线系统与其连接的设备和器件构成一个有机的整体。调整管理子系统的交接则可安排或重新安排线路路由，因而传输线路能够延伸到建筑物内部各个工作区，是综合布线系统灵活性的集中体现，如图 2-24 所示。

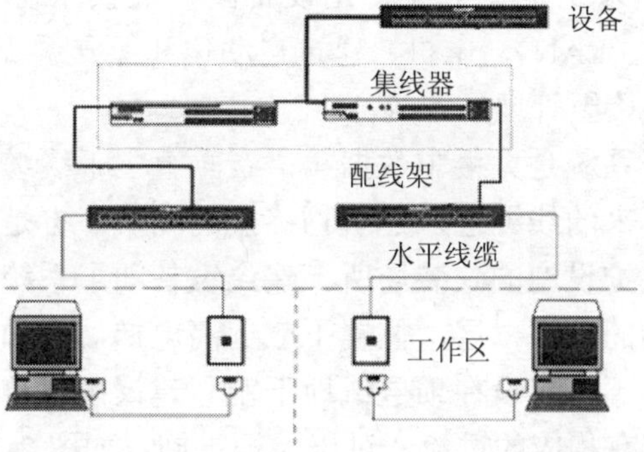

图 2-24　管理子系统

管理子系统三种应用：水平/干线连接；主干线系统互相连接；入楼设备的连接。线路的色标标记管理可在管理子系统中实现。

4．垂直干线子系统

垂直干线子系统由连接主设备间至各楼层配线间的线缆构成。其功能主要是把各分层配线架与主配线架相连。用主干电缆提供楼层之间通信的通道，使整个布线系统组成一个有机的整体。垂直干线子系统 Topology 结构采用分层星形拓扑结构，每个楼层配线间均需采用垂直主干线缆连接到大楼主设备间。垂直主干线缆和水平系统线缆之间的连接需要通过楼层管理间的跳线来实现。

垂直主干线缆安装原则：从大楼主设备间主配线架上至楼层分配线间各个管理分配线架的铜线缆安装路径要避开高 EMI 电磁干扰源区域（如马达、变压器），并符合 ANSI TIA/EIA-569 安装规定。

电缆安装性能原则：保证整个使用周期中电缆设施的初始性能

和连续性能。

大楼垂直主干线缆长度小于 90 m 时，建议按设计等级标准来计算主干电缆数量；但每个楼层至少配置一条 CAT5 UPT/FPT 做主干。

5．设备间子系统

设备间子系统是一个集中化设备区，连接系统公共设备，如 PBX、局域网（LAN）、主机、建筑自动化和保安系统，及通过垂直干线子系统连接至管理子系统。

设备间子系统是大楼中数据、语音垂直主干线缆终接的场所；也是由建筑群来的线缆进入建筑物终接的场所；更是各种数据语音主机设备及保护设施的安装场所。建议设备间子系统设在建筑物中部或在建筑物的一、二层，位置不应远离电梯，而且要为以后的扩展留有余地，不建议设在顶层或地下室。建议由建筑群来的线缆进入建筑物时应有相应的过流、过压保护设施，如图 2-25 所示。

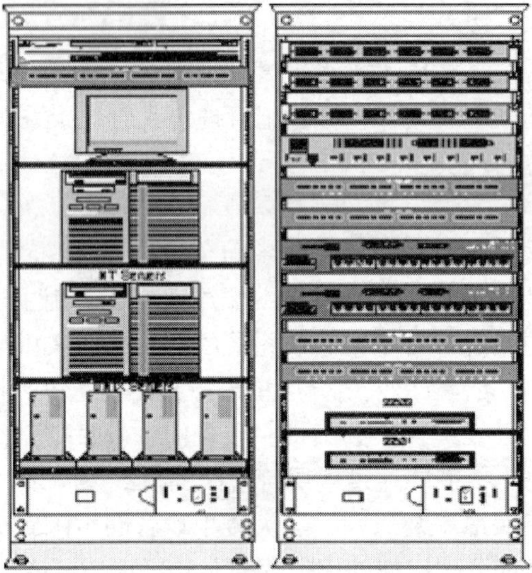

图 2-25　设备间子系统

设备间子系统空间要按 ANSI/TIA/EIA-569 要求设计。设备间子系统空间用于安装电信设备、连接硬件、接头套管等。为接地和连接设施、保护装置提供控制环境，是系统进行管理、控制、维护的场所。设备间子系统所在的空间还有对门窗、天花板、电源、照明、接地的要求。

三、施工要求

1. 方案的预期目标

（1）符合最新国际标准 ISO/IEC 11801 和 ANSI EIA/TIA 568A 标准，充分保证计算机网络高速、可靠的信息传输要求。

（2）能在现在和将来适应技术的发展，实现数据通信、语音通信和图像传递。

（3）除去固定于建筑物内的线缆外，其余所有的接插件都应是模块化的标准件，以方便将来有更大的发展时很容易地将设备扩展进去。

（4）能满足灵活应用的要求，即任一信息点能够连接不同类型的计算机或微机设备。

（5）能够支持 100MHz 的数据传输，可支持以太网、快速以太网、令牌环网、ATM、FDDI、ISDN 等网络及应用。

2. 方案说明

整个布线系统由工作区子系统、水平子系统、管理子系统、垂直干线子系统、设备间子系统构成。以下按各个子系统分别进行说明，在本方案中充分考虑了布线系统的高度可靠性、高速率传输特性及可扩充性和安全性。

（1）工作区子系统：工作区子系统包括所有用户实际使用区域，共设数据点 50 个。为满足办公环境信息高速传输具体情况，语音点全部采用五类非屏蔽信息模块，使用国标单口防尘墙上型插座面板。数据点在每层分布见表 2-7。

表 2-7 工作区子系统数据分布表

楼层	数据点	合计	5 m 非屏蔽五类跳线	T568A 插座芯	国标防尘墙盒面板/个
2	25	25	25	25	25
1	25	25	25	25	25
总计	50	50	50	50	50

（2）水平子系统。水平子系统是由建筑物各管理间至各工作区之间的电缆构成。为了满足高速率数据传输，数据、语音传输选用五类非屏蔽四对双绞线。各楼层所需水平电缆长度统计见表 2-8。

表 2-8 数据点、语音点水平电缆长度统计表

楼层	数据点合计	平均电缆长度/m	每层水平电缆长度/m
2	25	50	1 250
1	25	50	1 250
共计	50	—	2 500

（3）设备间子系统：设备间子系统是整个布线系统的中心单元，设备间设在一层。实现每层楼汇接来的电缆的最终管理。

（4）管线要求：原则上尽量利用大厦已经铺好的管路，对不满足布线要求的管路、需重新铺管的部位，应尽可能减少对建筑环境的破坏。

（5）水平子系统布线要求：水平子系统连接配线间和信息出口。水平布线距离应不超过 90 m，信息口到终端设备连接线和配线架之间连接线之和不超过 50 m。

（6）走线方式要求：采用墙面线槽走线方式。这种方式适应于小开间的办公间，有密集的地面型信息出口的情况，建议在墙面铺设线槽。主干槽从弱电竖井引出，沿走廊引向设有信息点的各房间，再用线槽引向房间内的信息点出线口，强电线路可以与线槽平等配置，但需分隔于不同的线槽中，这样可以向每一个用户提供一个包括数据出口的集成面板，真正做到在一个清洁的环境中，实现办公

自动化。

由于墙面铺设中可能会有消防等其他系统的线路，所以必须由建筑设计单位根据管线设计人员提出要求，综合各系统的实际情况，完成墙面线槽路由部分的设计，线槽容量的计算应根据水平线的外径来确定。

即：线槽的横截面积=水平线路横截面积×3

（7）管理子系统要求：管理子系统是整个配线系统的中心单元，它的布放、选型及环境条件的考虑是否恰当，都直接影响到将来信息系统的正常运行和使用的灵活性。室内照明不低于 150 lx，室内应提供 UPS 电源配电盘，以保证网络设备运行及维护的供电。

每个电源插座的容量不小于 300 W，管理子系统（配线室）应尽量靠近弱电竖井旁，而弱电竖井应尽量在大楼的中间，以方便布线并节省投资。

第三章　PLC、变频器与电梯

第一节　PLC 介绍

早期的可编程控制器称作可编程逻辑控制器（Programmable Logic Controller，PLC），它主要用来代替继电器实现逻辑控制。随着技术的发展，采用微型计算机技术的工业控制装置的功能已经大大超过了逻辑控制的范围，今天这种装置称作可编程控制器，简称PC。但是为了避免与个人计算机（Personal Computer）的简称混淆，所以将可编程序控制器简称 PLC，它在电路中的位置如图 3-1 所示，不难看出 PLC 在电路中处于“大脑”位置，具有指挥、控制全部执行电路的作用。PLC 具有以下鲜明的特点：

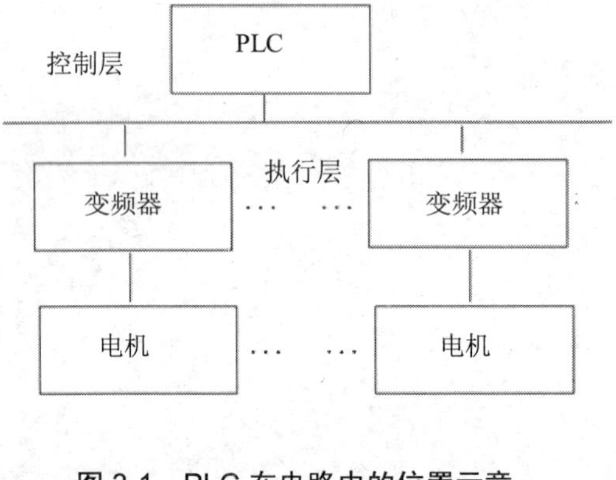

图 3-1　PLC 在电路中的位置示意

（1）系统构成灵活，扩展容易，以开关量控制为其特长；也能进行连续过程的 PID 回路控制；并能与上位机构成复杂的控制系统，如 DDC 和 DCS 等，实现生产过程的综合自动化。

（2）使用方便，编程简单，采用简明的梯形图、逻辑图或语句表等编程语言，而无须计算机知识，因此系统开发周期短，现场调试容易。另外，可在线修改程序，改变控制方案而不拆动硬件。

（3）能适应各种恶劣的运行环境，抗干扰能力强，可靠性强，远高于其他控制电路。

目前世界各大知名工控企业都有相关 PLC 系列产品，如美国 AB、和利时、ABB、松下、西门子、汇川、三菱、欧姆龙、台达、富士、施耐德、信捷、创研等。

一、PLC 的结构及各部分的作用

PLC 的类型繁多，功能和指令系统也不尽相同，但结构与工作原理则大同小异，通常由主机、输入/输出接口、电源扩展器接口和外部设备接口等几个主要部分组成。PLC 的硬件系统结构如图 3-2 所示。

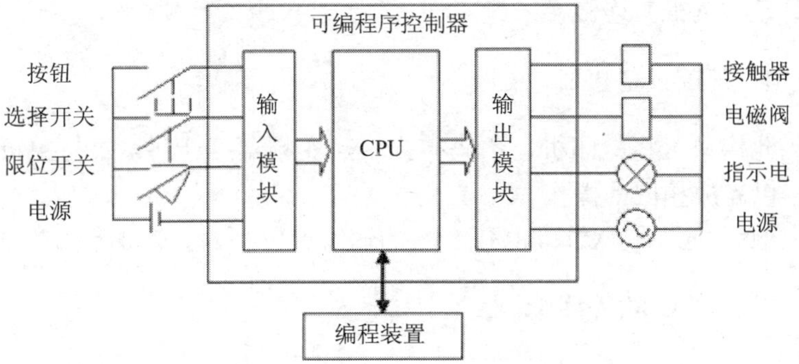

图 3-2　PLC 硬件系统组成

1. 主机

主机部分包括中央处理器（CPU）、系统程序存储器和用户程序及数据存储器。CPU 是 PLC 的核心，它用以运行用户程序、监控输入/输出接口状态、作出逻辑判断和进行数据处理，即读取输入变量、完成用户指令规定的各种操作，将结果送到输出端，并响应外部设备（如电脑、打印机等）的请求以及进行各种内部判断等。PLC 的内部存储器有两类，一类是系统程序存储器，主要存放系统管理和监控程序及对用户程序作编译处理的程序，系统程序已由厂家固定，用户不能更改；另一类是用户程序及数据存储器，主要存放用户编制的应用程序及各种暂存数据和中间结果。

2．输入/输出（I/O）接口

I/O 接口的 PLC 与输入/输出设备连接的部件。输入接口接收输入设备（如按钮、传感器、触点、行程开关等）的控制信号。输出接口是将主修改、调试程序或监视 PLC 的工作情况，通过专用的数据电缆线将 PLC 与电脑连接，并利用专用的软件进行电脑编程和监控。

3．输入/输出扩展单元

I/O 扩展接口用于将扩充外部输入/输出端子数的扩展单元与基本单元（主机）连接在一起。

4．外部设备接口

此接口可将打印机、条码扫描仪、变频器等外部设备与主机相连，以完成相应的操作。

例如：三菱 FX2N-48MR/MT 的输入点数为 24，输出点数为 24。

二、PLC 的程序编制

1．编程元件

PLC 是采用软件编制程序来实现控制要求的。编程时要使用到各种编程元件，它们可提供无数个动合、动断触点。编程元件是指输入寄存器、输出寄存器、位存储器、定时器、计时器、通用寄存器、数据寄存器及特殊功能存储器等。

PLC 内部这些存储器的作用和继电接触控制系统中使用的继电器十分相似，也有“线圈”与“触点”，但它们不是“硬”继电器，而是 PLC 存储器的存储单元。当写入该单元的逻辑状态为“1”时，则表示相应继电器线圈得电，其动合触点闭合，动断触点断开。所以，内部的这些继电器称为“软”继电器。

三菱 FX2N-48MR 编程元件的编号范围与功能说明见表 3-1。

表 3-1　三菱 FX2N-48MR 编程元件的编号范围与功能说明

元件名称	代表字母	编号范围	功　能　说　明
输入继电器	X	X0～X27 共 24 点	接收外部输入设备的信号
输出继电器	Y	Y0～Y27 共 24 点	输出程序执行结果并驱动外部设备
辅助继电器	M	M0～M499 共 500 点	在程序内部使用，不能提供外部输出
继电器	T	T0～T199	100 ms 延时定时继电器，触点在程序内部使用
		T200～T245	10 ms 延时定时继电器，触点在程序内部使用
计数继电器	C	C0～C99	加法计数继电器，触点在程序内部使用
数据寄存器	D	D0～D199	数据处理用的数值存储元件
嵌套指针	N、P	N0～N7 P0～P127	N 主控用，P 跳跃、子程序用

2．编程语言

所谓程序编制，就是用户根据控制对象的要求，利用 PLC 厂家提供的程序编制语言，将一个控制要求描述出来的过程。PLC 最常用的编程语言是梯形图语言和指令语句表语言，且两者常常联合使用。

（1）梯形图（语言）：梯形图是一种从继电接触控制电路图演示而来的图形语言。它是借助类似于继电器的动合、动断触点、线圈以及串、并联等术语和符号，根据控制要求连接而成的表示 PLC 输入和输出之间逻辑关系的图形，直观易懂。

梯形图中常用 -||- -|/|- 图形符号分别表示 PLC 编程元件的动合和动断触点；用（）表示它们的线圈。梯形图中编程元件的种类用图

形符号及标注的字母或数加以区别。触点和线圈等组成的独立电路称为网络，用编程软件生成的梯形图和语句表程序中有网络编号，允许以网络为单位给梯形图加注释。

梯形图的设计应注意以下三点：

①梯形图按从左到右、自上而下的顺序排列。每一逻辑行（或称梯级）起始于左母线，然后是触点的串、并联连接，最后是线圈。

②梯形图中每个梯级流过的不是物理电流，而是“概念电流”，从左流向右，其两端没有电源。这个“概念电流”只是用来形象地描述用户程序执行中应满足线圈接通的条件。

③输入寄存器用于接收外部输入信号，而不能由 PLC 内部其他继电器的触点来驱动。因此，梯形图中只出现输入寄存器的触点，而不出现其线圈。输出寄存器则输出程序执行结果给外部输出设备，当梯形图中的输出寄存器线圈得电时，就有信号输出，但不是直接驱动输出设备，而要通过输出接口的继电器、晶体管或晶闸管才能实现。输出寄存器的触点也可供内部编程使用。

（2）指令语句表：指令语句表是一种用指令助记符来编制 PLC 程序的语言，它类似于计算机的汇编语言，但比汇编语言易懂易学，若干条指令组成的程序就是指令语句表。一条指令语句是由步序、指令语和作用器件编号三部分组成。

表 3-2 为 PLC 实现三相鼠笼电动机起/停控制的两种编程语言的表示方法：

表 3-2　PLC 实现三相鼠笼电动机起/停控制的编程语言

<table>
<tr><th>继电接触控制线路图</th><th>梯形图</th><th colspan="3">指令语句表</th></tr>
<tr><td rowspan="6">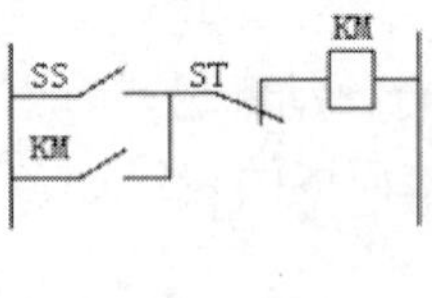
</td><td rowspan="6">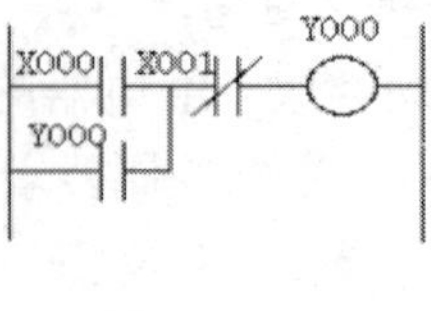
</td><td>步序</td><td>指令语</td><td>器件号</td></tr>
<tr><td>0</td><td>LD</td><td>X000</td></tr>
<tr><td>1</td><td>OR</td><td>Y000</td></tr>
<tr><td>2</td><td>ANI</td><td>X001</td></tr>
<tr><td>3</td><td>OUT</td><td>Y000</td></tr>
<tr><td>4</td><td>END</td><td></td></tr>
</table>

（3）基本指令简介：见表 3-3。

表 3-3　基本指令

助记符、称谓	功能	回路表示和对象软件	助记符、称谓	功能	回路表示和对象软件
[LD]取	运算开始 a 接点	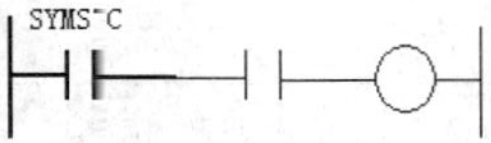	[SET]置位	线圈动作保持指令	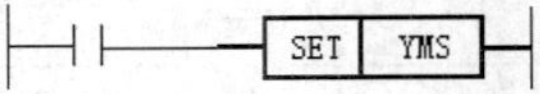
[LDI]取反	运算开始 b 接点	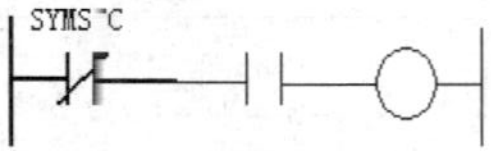	[RST]复位	解除线圈动作保持指令	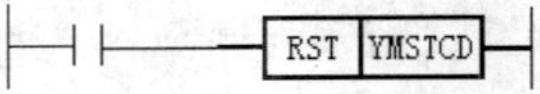
[LDP]取脉冲	上升沿检出运算开始	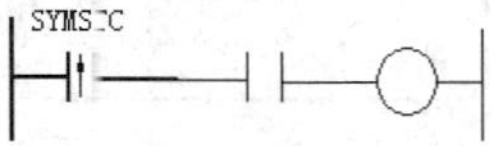	[PLS]上升沿脉冲	线圈上升沿输出指令	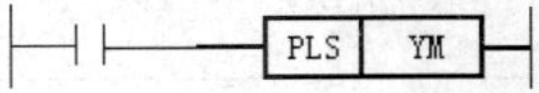
[LDF]取脉冲	下降沿检出运算开始	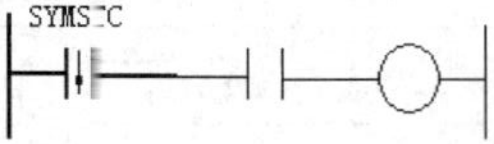	[PLF]下降沿脉冲	线圈下降沿输出指令	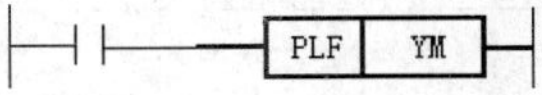
[AND]与	串联连接 a 接点	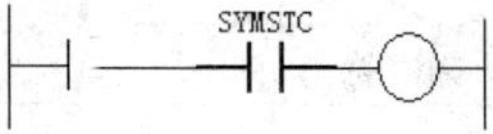	[MC]主控	公共串联接点用线圈驱动	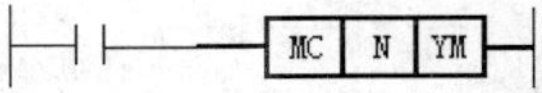
[ANI]或	串联连接 b 接点	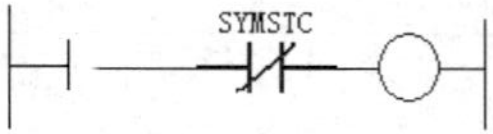	[MCR]主控复位	公共串联接点用解除指令	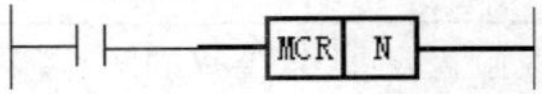

助记符、称谓	功能	回路表示和对象软件	助记符、称谓	功能	回路表示和对象软件
[ANDP] 与脉冲	上升沿检出 串联连接	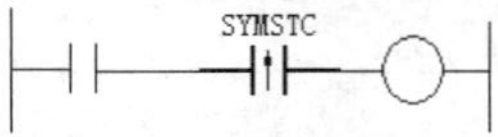	[MPS]进栈	运算存储	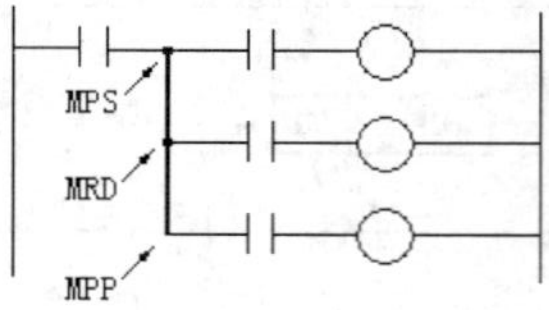
[ANDF] 与脉冲	下升沿检出 串联连接	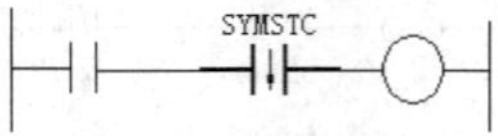	[MRD]读栈	存储读出	
[OR]或	并联连接 A 接点	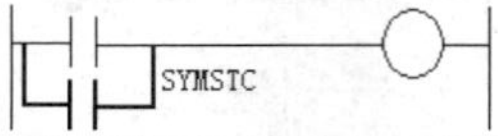	[MPP]出栈	存储读出 和复位	
[ORI]或非	并联连接 B 接点	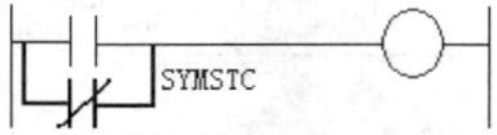	[INV]反转	运算结果及 取反	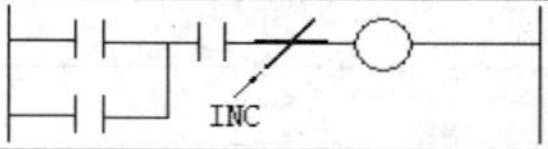
[ORP] 或脉冲	上升沿检出 并联连接	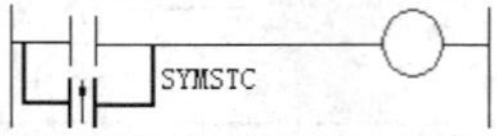	[NOP]空操作	无动作	消除程序或留出空间
[ORF] 或脉冲	下升沿检出 并联连接	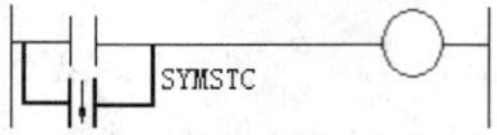	[END]结束	程序结束	程序结束 返回到 0 步
[ANB] 回路块与	回路块之间 串联连接	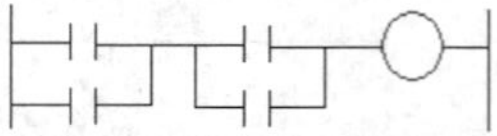	[STL]步进梯形图	步进梯形图 开始	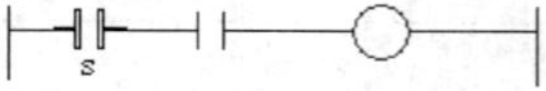
[ORB] 回路块或	回路块之间 并联连接	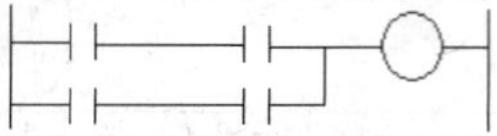	[RET]返回	步进梯形图 结束	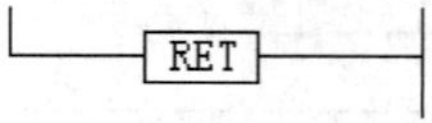
[OUT] 输出	线圈驱动 指令	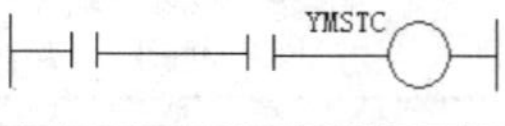			

（4）逻辑取指令及线圈驱动指令 LD、LDI、OUT。

①LD，取指令。表示一个与输入母线相连的动合接点指令，即动合接点逻辑运算起始。

②LDI，取反指令。表示一个与输入母线相连的动断接点指令，即动断接点逻辑运算起始。

③OUT，线圈驱动指令，也称输出指令。

④LD、LDI 两条指令的目标元件是 X、Y、M、S、T、C，用于将接点接到母线上。也可以与后述的 ANB 指令、ORB 指令配合使用，在分支起点也可使用。

⑤OUT 是驱动线圈的输出指令，它的目标元件是 Y、M、S、T、C。对输入继电器不能使用。OUT 指令可以连续使用多次。

⑥LD、LDI 是一个程序步指令，这里的一个程序步即是一个字。OUT 是多程序步指令，要视目标元件而定。

⑦OUT 指令的目标元件是定时器和计数器时，必须设置常数 K。

（5）接点串联指令 AND、ANI：

①AND，与指令。用于单个动合接点的串联。

②ANI，与非指令，用于单个动断接点的串联。

③AND 与 ANI 都是一个程序步指令，它们串联接点的个数没有限制，也就是说这两条指令可以多次重复使用。这两条指令的目标元件为 X、Y、M、S、T、C。

④OUT 指令后，通过接点对其他线图使用 OUT 指令称为纵输出或连续输出。这种连续输出如果顺序没错，可以多次重复。

（6）接点并联指令 OR、ORI、OR，或指令，用于单个动合接点的并联。

①ORI，或非指令，用于单个动断接点的并联。

②OR 与 ORI 指令都是一个程序步指令，它们的目标元件是 X、Y、M、S、T、C。这两条指令都是一个接点。需要两个以上接点串联连接电路块的并联连接时，要用后述的 ORB 指令。

③OR、ORI 是从该指令的当前步开始，对前面的 LD、LDI 指令并联连接。并联的次数无限制。

（7）串联电路块的并联连接指令 ORB：两个或两个以上的接点串联连接的电路称为串联电路块。串联电路块并联连接时，分支开始用 LD、LDI 指令，分支结束用 ORB 指令。ORB 指令与后述的 ANB 指令均为无目标元件指令，而两条无目标元件指令的步长都为一个程序步。ORB 有时也简称或块指令。

ORB 指令的使用方法有两种：一种是在要并联的每个串联电路后加 ORB 指令；另一种是集中使用 ORB 指令。对于前者分散使用 ORB 指令时，并联电路块的个数没有限制，但对于后者集中使用 ORB 指令时，这种电路块并联的个数不能超过 8 个（重复使用 LD、LDI 指令的次数限制在 8 次以下），所以不推荐用后者编程。

（8）并联电路的串联连接指令 ANB：两个或两个以上接点并联电路称为并联电路块，分支电路并联电路块与前面电路串联连接时，使用 ANB 指令。分支的起点用 LD、LDI 指令，并联电路结束后，使用 ANB 指令与前面电路串联。ANB 指令也简称与块指令，ANB 也是无操作目标元件，是一个程序步指令。

（9）主控及主控复位指令 MC、MCR：MC 为主控指令，用于公共串联接点的连接，MCR 叫主控复位指令，即 MC 的复位指令。在编程时，经常遇到多个线圈同时受到一个或一组接点控制。如果在每个线圈的控制电路中都串入同样的接点，将多占用存储单元，应用主控指令可以解决这一问题。使用主控指令的接点称为主控接点，它在梯形图中与一般的接点垂直。它们是与母线相连的动合接点，是控制一组电路的总开关。

MC 指令是 3 程序步，MCR 指令是 2 程序步，两条指令的操作目标元件是 Y、M，但不允许使用特殊辅助继电器 M。

（10）置位与复位指令 SET、RST：SET 为置位指令，使动作保持；RST 为复位指令，使操作保持复位。SET 指令的操作目标元件为 Y、M、S。而 RST 指令的操作元件为 Y、M、S、D、V、Z、T、C。这两条指令是 1～3 个程序步。用 RST 指令可以对定时器、计数器、数据寄存、变址寄存器的内容清零。

（11）脉冲输出指令 PLS、PLF：PLS 指令在输入信号上升沿产生脉冲输出，而 PLF 在输入信号下降沿产生脉冲输出，这两条指令都是 2 程序步，它们的目标元件是 Y 和 M，但特殊辅助继电器不能作目标元件。使用 PLS 指令，元件 Y、M 仅在驱动输入接通后的一个扫描周期内动作。而使用 PLF 指令，元件 Y、M 仅在驱动输入断开后的一个扫描周期内动作。

使用这两条指令时，要特别注意目标元件。例如，在驱动输入接通时，PLC 由运行到停机到运行，此时 PLS M0 动作，但 PLS M600（断电时，电池后备的辅助继电器）不动作。这是因为 M600 是特殊保持继电器，即使在断电停机时其动作也能保持。

（12）空操作指令 NOP：NOP 指令是一条无动作、无目标元件的 1 程序步指令。空操作指令使该步序作空操作。用 NOP 指令替代已写入指令，可以改变电路。在程序中加入 NOP 指令，在改动或追加程序时可以减少步序号的改变。

（13）程序结束指令 END：END 是一条无目标元件的 1 程序步指令。PLC 反复进行输入处理、程序运算、输出处理，若在程序最后写入 END 指令，则 END 以后的程序就不再执行，直接进行输出处理。在程序调试过程中，按段插入 END 指令，可以按顺序扩大对各程序段动作的检查。采用 END 指令将程序划分为若干段，在确认处于前面电路块的动作正确无误之后，依次删去 END 指令。要注意的是在执行 END 指令时，也刷新监视时钟。

三、PLC 的安装与使用注意事项

1．PLC 的安装

PLC 是专门为工业生产服务的控制装置，通常不需要采取什么措施，就可以直接在工业环境中使用。但是，当生产环境过于恶劣，电磁干扰特别强烈，或安装使用不当，都不能保证 PLC 的正常运行，因此在使用中应注意以下问题。

（1）工作环境：

①温度：PLC 一般要求环境温度在 0～55℃，安装时不能放在

发热量大的元件下面，四周通风散热的空间应足够大，基本单元和扩展单元之间要有 30 mm 以上间隔；开关柜上、下部应有通风的百叶窗，防止太阳光直接照射；如果周围环境超过 55℃，要安装电风扇强迫通风。

②湿度：为了保证 PLC 的绝缘性能，空气的相对湿度应小于 85%（无凝露）。

③震动：应使 PLC 远离强烈的震动源，防止频繁或连续震动。当使用环境不可避免震动时，必须采取减震措施，如采用减震胶等。

④空气：避免有腐蚀和易燃的气体，例如氯化氢、硫化氢等。对于空气中有较多粉尘或腐蚀性气体的环境，可将 PLC 安装在封闭性较好的控制室或控制柜中，并安装空气净化装置。

⑤电源：PLC 供电电源为 50Hz、220（1±10%）V 的交流电，对于电源线的干扰，PLC 本身具有足够的抵制能力。但是 PLC 应远离强干扰源如电焊机、大功率硅整流装置和大型动力设备，不能与高压电器安装在同一个开关柜内。对于可靠性要求很高的场合或电源干扰特别严重的环境，可以安装一台带屏蔽层的变比为 1∶1 的隔离变压器，以减少设备与地之间的干扰。还可以在电源输入端串接 LC 滤波电路。

例如：FX 系列 PLC 有直流 24V 输出接线端，该接线端可为输入传感器（如光电开关或接近开关）提供直流 24V 电源。当输入端使用外接直流电源时，应选用直流稳压电源。因为普通的整流滤波电源，由于纹波的影响，容易使 PLC 接收到错误信息。

（2）安装时的接线：

①安装的动力线、控制线以及 PLC 的电源线和 I/O 线应分别配线，隔离变压器与 PLC 和 I/O 之间应采用双胶线连接。

②PLC 的输入与输出最好分开走线，开关量与模拟量也要分开敷设。模拟量信号的传送应采用屏蔽线，屏蔽层应一端或两端接地，接地电阻应小于屏蔽层电阻的 1/10。

③PLC 基本单元与扩展单元以及功能模块的连接线缆应单独敷设，以防止外界信号的干扰。

④交流输出线和直流输出线不要用同一根电缆，输出线应尽量远离高压线和动力线，避免并行。

（3）I/O 端的接线：

1）输入接线：

①输入接线一般不要超过 30 m。但如果环境干扰较小，电压降不大时，输入接线可适当长些。

②输入/输出线不能用同一根电缆，输入/输出线要分开。

③尽可能采用常开触点形式连接到输入端，使编制的梯形图与继电器原理图一致，便于阅读。

2）输出连接：

①输出端接线分为独立输出和公共输出。在不同组中，可采用不同类型和电压等级的输出电压。但在同一组中的输出只能用同一类型、同一电压等级的电源。

②由于 PLC 的输出元件被封装在印制电路板上，并且连接至端子板，若将连接输出元件的负载短路，将烧毁印制电路板。因此应用熔丝保护输出元件。

③采用继电器输出时，所承受的电感性负载的大小，会影响到继电器的使用寿命。因此使用电感性负载时选择继电器工作寿命要长。

④PLC 的输出负载可能产生干扰，因此要采取措施加以控制，如直流输出的续流管保护，交流输出的阻容吸收电路，晶体管及双向晶闸管输出的旁路电阻保护。

2 PLC 的使用注意事项

（1）PLC 的接地：良好的接地是保证 PLC 可靠工作的重要条件，可以避免偶然发生的电压冲击危害。PLC 的接地线与机器的接地端相接，接地线的截面积应不小于 2 mm^2，接地电阻应小于 100Ω；如果要用扩展单元，其接地点应与基本单元的接地点接在一起。为了抑制加在电源及输入端、输出端的干扰，应给 PLC 接上专用地线，接地点应与动力设备（如电机）的接地点分开；若达不到这种要求，也必须做到与其他设备公共接地，禁止与其他设备串连接地。接地点应尽可能地靠近 PLC。

（2）为了确保整个系统能在安全状态下可靠工作，避免由于外部电源发生故障、PLC 出现异常、误操作以及误输出造成的重大经济损失和人身伤亡事故，PLC 外部应安装必要的保护电路。

①急停电路：对于能使用户造成伤害的危险负载，除了在控制程序中加以考虑之外，还应设计外部紧急停车电路，使得 PLC 发生故障时，能将引起伤害的负载电源可靠切断。

②保护电路：正反向运转等可逆操作的控制系统，要设置外部电器互锁保护；往复运行及升降移动的控制系统，要设置外部限位保护电路。

③可编程控制器有监视定时器等自检功能，检查出异常时，输出全部关闭。但当可编程控制器 CPU 故障时就不能控制输出，因此，对于能使用户造成伤害的危险负载，为确保设备在安全状态下运行，需设计外电路加以防护。

④电源过负荷的防护：如果 PLC 电源发生故障，中断时间少于 10s，PLC 工作不受影响。若电源中断超过 10s 或电源下降超过允许值，则 PLC 停止工作，所有的输出点均同时断开；当电源恢复时，若 RUN 输入接通，则操作自动进行。因此，对一些易过负载的输入设备应设置必要的限流保护电路。

⑤重大故障的报警及防护：对于易发生重大事故的场所，为了确保控制系统在重大事故发生时仍可靠的报警及防护，应将与重大故障有联系的信号通过外电路输出，以使控制系统在安全状况下运行。

四、PLC 技术发展呈现新的动向

（1）产品规模向大、小两个方向发展。

大：I/O 点数达 14 336 点、32 位微处理器、多 CPU 并行工作、大容量存储器、扫描速度高速化。

小：由整体结构向小型模块化结构发展，增加了配置的灵活性，降低了成本。

（2）PLC 在闭环过程控制中应用日益广泛。

（3）不断加强通信功能。

（4）新器件和模块不断推出。高档的 PLC 除了主要采用 CPU 以提高处理速度外，还有带处理器的 EPROM 或 RAM 的智能 I/O 模块、高速计数模块、远程 I/O 模块等专用化模块。

（5）编程工具丰富多样，功能不断提高，编程语言趋向标准化有各种简单或复杂的编程器及编程软件，采用梯形图、功能图、语句表等编程语言，亦有高档的 PLC 指令系统。

（6）发展容错技术采用热备用或并行工作、多数表决的工作方式。

（7）追求软硬件的标准化。

第二节　变频器简介

变频器是利用电力半导体器件的通断作用将工频电源变换为另一频率的电能控制装置，能实现对交流异步电机的软启动、变频调速、提高运转精度、改变功率因数、过流/过压/过载保护等功能。在中、韩等亚洲地区受日本厂商影响而曾被称作 VVVF（Variable Voltage Variable Frequency Inverter）。变频器集成了高压大功率晶体管技术和电子控制技术，得到广泛应用。变频器的实质作用是改变交流电机供电的频率和幅值，因而改变其运动磁场的周期，达到平滑控制电动机转速的目的。变频器的出现，使得复杂的调速控制简单化，用变频器＋交流鼠笼式感应电动机组合替代了大部分原先只能用直流电机完成的工作，缩小了体积，降低了维修率，使传动技术发展到新阶段。国内技术较领先的品牌有口业、英威腾、正弦、汇川、三晶、紫日电气科技有限公司、雷诺尔等。

变频器已广泛应用于以下场合：

1．空调负载类

写字楼、商场和一些超市、厂房都有中央空调，在夏季的用电高峰，空调的用电量很大。在炎热天气，北京、上海、深圳空调的用电量均占峰电 40%以上。因而用变频装置，拖动空调系统的冷冻泵、冷水泵、风机是一项非常好的节电技术。目前，全国出现不少专做空调节电的公司，其中主要技术是变频调速节电。

2．破碎机类负载

冶金矿山、建材应用不少破碎机、球磨机，该类负载采用变频后效果显著。

3．大型窑炉煅烧炉类负载

冶金、建材、烧碱等大型工业转窑（转炉）以前大部分采用直流、整流子电机、滑差电机、串级调速或中频机组调速。由于这些调速方式或有滑环或效率低，近年来不少单位采用变频控制，效果极好。

4．压缩机类负载

压缩机也属于应用广泛类负载。低压的压缩机在各工业部门都普遍应用，高压大容量压缩机在钢铁（如制氧机）、矿山、化肥、乙烯都有较多应用。采用变频调速，均带来启动电流小、节电、优化设备使用寿命等优点。

5．轧机类负载

在冶金行业，过去大型轧机多用交-交变频器，近年来采用交-直-交变频器，轧机交流化已是一种趋势，尤其在轻负载轧机。如宁夏民族铝制品厂的多机架铝轧机组采用通用变频器，满足低频带载启动、机架间同步运行、恒张力控制、操作简单可靠。

6．卷扬机类负载

卷扬机类负载采用变频调速稳定、可靠。铁厂的高炉卷扬设备是主要的炼铁原料输送设备。它要求启动、制动平稳，加减速均匀，可靠性高。原多采用串级、直流或转子串电阻调速方式，效率低、可靠性差。用交流变频器替代上述调速方式，可以取得理想的效果。

7．转炉类负载

转炉类负载，用交流变频替代直流机组简单可靠，运行稳定。

8．辊道类负载

辊道类负载，多在钢铁冶金行业，采用交流电机变频控制，可提高设备可靠性和稳定性。

9．泵类负载

泵类负载，量大面广，包括水泵、油泵、化工泵、泥浆泵、砂泵等，有低压中小容量泵，也有高压大容量泵。许多自来水公司的水泵、化工和化肥行业的化工泵、往复泵、有色金属等行业的泥浆泵等采用变频调速，均产生非常好的效果。

10．吊车、翻斗车类负载

吊车、翻斗车等负载转矩大且要求平稳，正反频繁且要求可靠。变频装置控制吊车、翻斗等。

一、变频器的构成

变频器主要是由主电路、控制电路组成，其组成框图如图 3-3 所示。

1．主电路

主电路是给异步电动机提供调压调频电源的电力变换部分。变频器的主电路大体上可分为两类：电压型是将电压源的直流变换为交流的变频器，直流回路的滤波是电容；电流型是将电流源的直流变换为交流的变频器，其直流回路滤波是电感。主电路由三部分构成，将工频电源变换为直流功率的“整流器”，吸收在变流器和逆变器产生的电压脉动的“平波回路”，以及将直流功率变换为交流功率的“逆变器”。

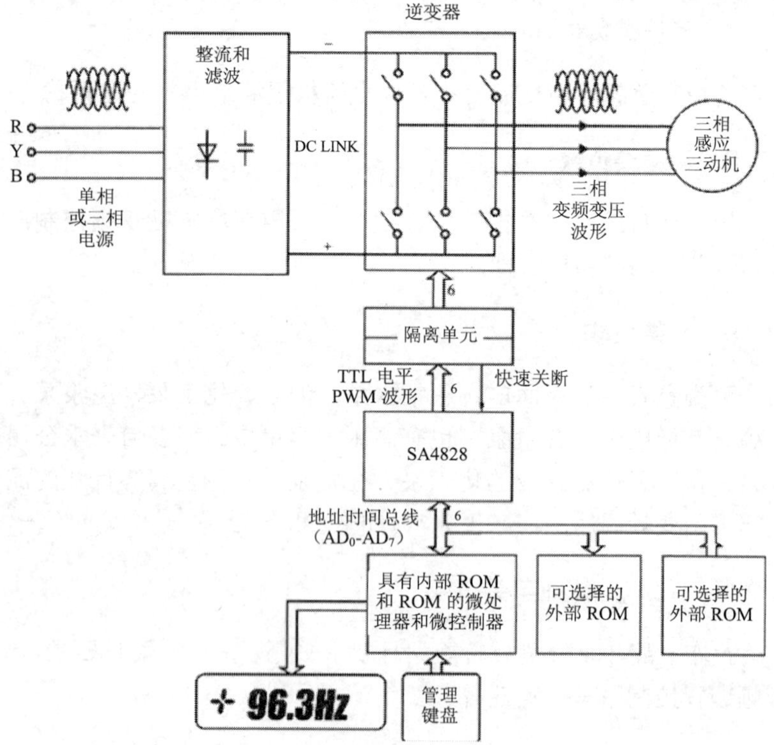

图 3-3　变频器框图

（1）整流器：最近大量使用的是二极管的变流器，它把工频电源变换为直流电源。也可用两组晶体管变流器构成可逆变流器，由于其功率方向可逆，可以进行再生运转。

（2）平波回路：在整流器整流后的直流电压中，含有电源 6 倍频率的脉动电压，此外逆变器产生的脉动电流也使直流电压变动。为了抑制电压波动，采用电感和电容吸收脉动电压、电流（LC 滤波电路）。装置容量小时，如果电源和主电路构成器件有余量，可以省去电感采用简单的平波回路。

（3）逆变器：同整流器相反，逆变器是将直流功率变换为所要求频率的交流功率，以所确定的时间使 6 个开关器件导通、关断就可以得到3相交流输出。

2．控制电路

控制电路是给异步电动机供电（电压、频率可调）的主电路提供控制信号的回路。它有频率、电压的“运算电路”，主电路的“电压、电流检测电路”，电动机的“速度检测电路”，将运算电路的控制信号进行放大的“驱动电路”，以及逆变器和电动机的“保护电路”组成。

（1）运算电路：将外部的速度、转矩等指令同检测电路的电流、电压信号进行比较运算，决定逆变器的输出电压、频率。

（2）电压、电流检测电路：与主回路电位隔离检测电压、电流等。

（3）驱动电路：驱动主电路器件的电路。它与控制电路隔离使主电路器件导通、关断。

（4）速度检测电路：以装在异步电动机轴机上的速度检测器（tg、plg等）的信号为速度信号，送入运算回路，根据指令和运算可使电动机按指令速度运转。

（5）保护电路：检测主电路的电压、电流等，当发生过载或过电压等异常时，为了防止逆变器和异步电动机损坏，使逆变器停止工作或抑制电压、电流值。

二、变频器选型与安装

1．变频器选型时的注意事项

（1）采用变频的目的：恒压控制或恒流控制等。

（2）变频器的负载类型：如叶片泵或容积泵等，特别注意负载的性能曲线，性能曲线决定了应用时的方式方法。

（3）变频器与负载的匹配问题：

①电压匹配：变频器的额定电压与负载的额定电压相符。

②电流匹配：普通的离心泵，变频器的额定电流与电机的额定

电流相符。对于特殊的负载如深水泵等则需要参考电机性能参数，以最大电流确定变频器电流和过载能力。

③转矩匹配：这种情况在恒转矩负载或有减速装置时有可能发生。

（4）在使用变频器驱动高速电机时，由于高速电机的电抗小，高次谐波增加导致输出电流值增大。因此用于高速电机的变频器的选型，其容量要稍大于普通电机的选型。

（5）变频器如果要长电缆运行时，此时要采取措施抑制长电缆对地耦合电容的影响，避免变频器出力不足，所以在这种情况下，变频器容量要放大一挡或者在变频器的输出端安装输出电抗器。

（6）对于一些特殊的应用场合，如高温、高海拔，此时会引起变频器的降容，变频器容量要放大一挡。

2. 安装变频器的注意事项

（1）首先确认变频器的安装环境：

①工作温度：变频器内部是大功率的电子元件，易受到工作温度的影响，产品一般要求为0～55℃，但为了保证工作安全、可靠，使用时应考虑留有余地，最好控制在40℃以下。在控制箱中，变频器一般应安装在箱体上部，并严格遵守产品说明书中的安装要求，绝对不允许把发热元件或易发热的元件紧靠变频器的底部安装。

②环境温度：温度太高且温度变化较大时，变频器内部易出现结露现象，其绝缘性能就会大大降低，甚至可能引发短路事故。必要时，必须在箱中增加干燥剂和加热器。在水处理间一般水汽都比较重，如果温度变化大的话，这个问题会比较突出。

③腐蚀性气体：使用环境如果腐蚀性气体浓度大，不仅会腐蚀元器件的引线、印刷电路板等，而且还会加速塑料器件的老化，降低绝缘性能。

④振动和冲击：装有变频器的控制柜受到机械振动和冲击时，会引起电气接触不良。淮安热电就出现过这样的问题。这时除了提高控制柜的机械强度、远离振动源和冲击源外，还应使用抗震橡皮

垫固定控制柜外和内电磁开关之类产生振动的元器件。设备运行一段时间后，应对其进行检查和维护。

⑤电磁波干扰：变频器在工作中由于整流和变频，周围产生了很多的干扰电磁波，这些高频电磁波对附近的仪表、仪器有一定的干扰。因此，柜内仪表和电子系统应该选用金属外壳，屏蔽变频器对仪表的干扰。所有的元器件均应可靠接地，除此之外，各电气元件、仪器及仪表之间的连线应选用屏蔽控制电缆，且屏蔽层应接地。如果处理不好电磁干扰，往往会使整个系统无法工作，导致控制单元失灵或损坏。

（2）变频器和电机的距离确定电缆和布线方法：

①变频器和电机的距离应该尽量地短。这样减小了电缆对地的电容，减少干扰的发射源。

②控制电缆选用屏蔽电缆，动力电缆选用屏蔽电缆或者从变频器到电机全部用穿线管屏蔽。

③电机电缆应独立于其他电缆走线，其最小距离为 500 mm。同时应避免电机电缆与其他电缆长距离平行走线，这样才能减少变频器输出电压快速变化而产生的电磁干扰。如果控制电缆和电源电缆交叉，应尽可能使它们按 90°交叉。与变频器有关的模拟量信号线与主回路线分开走线，即使在控制柜中也要如此。

④与变频器有关的模拟信号线最好选用屏蔽双绞线，动力电缆选用屏蔽的三芯电缆（其规格要比普通电机的电缆大挡）或遵从变频器的用户手册。

⑤变频器的接地变频器正确接地是提高系统稳定性，抑制噪声能力的重要手段。变频器的接地端子的接地电阻越小越好，接地导线的截面不小于 4 mm^2，长度不超过 5 m。变频器的接地应和动力设备的接地点分开，不能共地。信号线的屏蔽层一端接到变频器的接地端，另一端浮空。变频器与控制柜之间电气相通。

三、变频器应用与维护保养

1．变频器的性能

由于变频器能适应生产方法的多方面要求，尤其是在工业自动化控制应用上，交流变频调速技术已经上升为工业自动化控制的主流。交流调速系统的性能已经可以和直流调速系统相匹敌，甚至可以超过直流系统。它采用的全数字控制方式，使信息处理能力大幅度地增强。同时它将实用经验和技巧不断地融入软件功能中，采用模拟控制方式无法实现的复杂控制在今天都已成为可能，使变频器的可靠性、可使用性、可维护性功能得以充实。由于变频器具有调速性能好、调速范围宽和运行效率高，使用操作方便，且方便同其他设备接口等一系列优点，所以应用越来越广泛。

2．维护保养

在实际应用中，变频器受周围的温度、湿度、振动、粉尘、腐蚀性气体等环境条件的影响，其性能会有一些变化。如使用合理、维护得当，则能延长使用寿命，并减少因突然故障造成的生产损失。如果使用不当，维护保养工作跟不上去，就会出现运行故障，导致变频器不能正常工作，甚至造成变频器过早的损坏，而影响生产设备的正常运行。因此日常维护与定期检查是必不可少的。

（1）日常维护与检查：对于连续运行的变频器，可以从外部目视检查运行状态。定期对变频器进行巡视检查，检查变频器运行时是否有异常现象。通常应作如下检查：

①环境温度是否正常，要求在－10～40℃范围内，以25℃左右为好。

②变频器在显示面板上显示的输出电流、电压、频率等各种数据是否正常。

③显示面板上显示的字符是否清楚，是否缺少字符。

④用测温仪器检测变频器是否过热，是否有异味。

⑤变频器风扇运转是否正常，有无异常，散热风道是否通畅。

⑥变频器运行中是否有故障报警显示。

⑦检查变频器交流输入电压是否超过最大值。极限是 418V（380V×1.1 倍），如果主电路外加输入电压超过极限，即使变频器没运行，也会对变频器线路板造成损坏。

（2）定期检查：利用每年一次的大修时间，将检查重点放在变频器日常运行时无法巡视到的部位。

①作定期检查时，操作前必须切断电源，变频器停电后待操作面板电源指示灯熄灭后，等待 4 min（一般变频器的容量越大，等待时间越长，最长为 15 min）使得主电路直流滤波电容器充分放电，用万用表确认电容器放电完后，再进行操作。

②将变频器控制板、主板拆下，用毛刷、吸尘器清扫变频器线路板及内部 IGBT 模块、输入输出电抗器等部位。线路板脏污的地方，应用棉布蘸上酒精或中性化学剂擦除。

③检查变频器内部导线绝缘是否有腐蚀过热的痕迹及变色或破损等，如发现应及时进行处理或更换。

④变频器由于振动、温度变化等影响，螺丝等紧固部件往往松动，应将所有螺丝全部紧固一遍。

⑤检查输入输出电抗器、变压器等是否过热，变色烧焦或有异味。

⑥检查中间直流回路滤波电解电容器小凸肩（安全阀）是否胀出，外表面是否有裂纹、漏液、膨胀等。一般情况下滤波电容器使用周期大约为 5 年，检查周期最长为一年，接近寿命时，检查周期最好为半年。电容器的容量可用数字电容表测量，当容量下降到额定容量的 80% 以下时，应予以更换。

⑦检查冷却风扇运行是否完好，如有问题则应进行更换。冷却风扇的寿命受限于轴承，根据变频器运行情况需要 2～3 年更换一次风扇或轴承。检查时如发现异常声音、异常振动，同样需要更换。

⑧检查变频器绝缘电阻是否在正常范围内（所有端子与接地端子），注意不能用兆欧表对线路板进行测量，否则会损坏线路板的

电子元器件。

⑨将变频器的 R、S、T 端子和电源端电缆断开，U、V、W 端子和电机端电缆断开，用兆欧表测量电缆每相导线之间以及每相导线与保护接地之间的绝缘电阻是否符合要求，正常时应大于 1MΩ。

⑩变频器在检修完毕投入运行前，应带电机空载试运行几分钟，并校对电动机的旋转方向。

（3）变频器本身的保护。变频器本身具有各种保护功能，如：负载侧接地保护、短路保护、电流限制、逆变器过热、过载等，其自诊断功能、报警警告功能也比较完善。了解这些功能对于正确使用变频器及故障查找是非常重要的。

3. 故障判断及处理

下面以 Danfoss 变频器为例作介绍：当变频器出现故障时，保护功能动作，变频器立即跳闸，电机由运行状态到停止，报警指示红色发光二极管报警指示，液晶显示部分提示报警信息代码或故障内容。这时可以根据信息代码来分析判断变频器的故障范围，如果是软性故障，可将变频器进行断电复位。如还不能恢复正常，只能采用手动或自动初始化，初始化正常后按照参数表重新将数据输入设定。这样，变频器就可以在故障较轻的情况下恢复正常使用。若经以上操作后变频器仍不能正常工作，就要根据故障现象来检查变频器损坏的部位，更换元器件或电路板。故障查找时必须按变频器的提示顺序进行。

变频器运行时，如频繁出现限流报警或过流保护，应检查负载部分以及变频器 IGBT 模块是否正常，如正常，则此故障为变频器主板霍尔磁补偿式电流传感器损坏。霍尔磁补偿式电流传感器是一种测量正弦与非正弦周期量的电流值，能真实反映电流的波形，给变频器提供一个控制与保护信号。变频器上使用的该元件大部分为瑞士 LEM 公司 LA 系列的产品，其 LA 系列霍尔磁补偿式电流传感器可分为三端引出脚和五端引出脚两种。变频器容量不同，主板上 LA 系列霍尔磁补偿式电流传感器规格也不相同。

生产运行经验表明，黏胶纤维生产现场含硫化氢的腐蚀性气体会给变频器电路板的电子元器件带来相当大的危害，我们通过给电气控制室送正压新鲜风来改善环境条件，并采用电子线路板用喷涂胶，对变频器线路板表面作防腐涂层处理，有效地降低了变频器的故障率，提高了使用寿命。

电子元器件对静电是非常敏感的，如被静电放电破坏后，将造成电子元器件软击穿，软击穿会导致线路板无法正常工作。所以在更换线路板时必须注意，一定要确保工作之前戴好接地手环，将腕带直接接地，确保人体处于零电位，以防止人体的静电对线路板造成损坏。如没有接地手环，在更换线路板时可用手摸一下变频器金属外壳，使人体的静电通过变频器外壳放掉（其金属外壳导静电）。为确保变频器线路板备件的安全，在保管期间，应放在有防静电材料的袋中存放。

4. 元器件好坏的简易测试法

在维修过程中，根据故障情况要用万用表来检测电子元器件的好坏，如测量方法不正确就很可能导致误判断，这将给维修工作造成困难，甚至造成不必要的经济损失。测量方法分为元器件测试和线路板在路测试两种方式。在路测试：断开变频器电源，在不拆动线路板元器件的条件下，测量线路板上的元器件。对于元器件击穿、短路、开路性故障，这种检测方法可以方便快捷地查找出损坏的元器件，但还应考虑线路板上所测元器件与其并联的元器件对测量结果所产生的影响，以免造成误判断错误。下面介绍元器件好坏的判断方法。

（1） 三相整流桥模块检测。以 SEMIKRON（西门子）整流桥模块为例。将数字万用表拨到二极管测试挡，黑表笔接 COM，红表笔接 VΩ，用红、黑两表笔先后测 3、4、5 相与 2、1 极之间的正反向二极管特性，来检查判断整流桥是否完好。所测的正反向特性相差越大越好；如正反向为零，说明所检测的一相已被击穿短路；如正向、反向均为无穷大，说明所检测的一相已经断路。整流桥模块只要有一相损坏，就应更换。

（2）逆变器 IGBT 模块检测。将数字万用表拨到二极管测试挡，测试 IGBT 模块 C1.E1、C2.E2 之间以及栅极 G 与 E1、E2 之间正反向二极管特性，来判断 IGBT 模块是否完好。

以 25A/1200V 六相 IGBT 模块为例。将负载侧 U、V、W 相的导线拆除，使用二极管测试挡，红表笔接 P（集电极 C1），黑表笔依次测 U、V、W（发射极 E1），万用表显示数值为最大；将表笔反过来，黑表笔接 P，红表笔测 U、V、W，万用表显示数值为 400 左右。再将红表笔接 N（发射极 E2），黑表笔测 U、V、W，万用表显示数值为 400 左右；黑表笔接 N，红表笔测 U、V、W（集电极 C2），万用表显示数值为最大。各相之间的正反向特性应相同，若出现差别说明 IGBT 模块性能变差，应予以更换。IGBT 模块损坏时，只有击穿短路情况出现。

红、黑两表笔分别测栅极 G 与发射极 E 之间的正反向特性，万用表两次所测的数值都为最大，这时可判定 IGBT 模块门极正常。如果有数值显示，则门极性能变差，此模块应更换。当正反向测试结果为零时，说明所检测的一相门极已被击穿短路。门极损坏时电路板保护门极的稳压管也将击穿损坏。

（3）电解电容器的检测。用 MF47 型万用表测量时，应针对不同容量的电解电容器选用万用表合适的量程。根据经验，一般情况下，47μF 以下的电解电容器可用 R×1K 挡测量，大于 47μF 的电解电容器可用 R×100K 挡测量。

将万用表红表笔接电容器负极，黑表笔接正极，在刚接触的瞬间，万用表指针即向右偏转较大幅度，接着逐渐向左回转，直到停在某一位置（返回无穷大位置）。此时的阻值便是电解电容器的正向漏电阻。此值越大，说明漏电流越小，电容器性能越好。然后，将红、黑表笔对调，万用表指针将重复上述摆动现象。但此时所测阻值为电解电容器的反相漏电阻，此值略小于正向漏电阻。即反相漏电流比正向漏电流要大。实际使用经验表明，电解电容器的漏电阻一般应在几百千欧以上，否则将不能正常工作。

在测试中，若正向、反向均无充电现象，即表针不动，则说明电容器容量消失或内部断路；如果所测阻值很小或为零，说明电容器漏电大或已击穿损坏，不能再使用。

在路测试：在路测试电解电容器只宜检查严重漏电或击穿的故障，轻微漏电或小容量电解电容器测试的准确性很差。在路测试还应考虑其他元器件对测试的影响，否则读出的数值就不准确，会影响正常判断。电解电容器还可以用电容表来检测两端之间的电容值，以判断电解电容器的好坏。

（4）电感器简易测试。用 MF47 型万用表电阻挡测试电感器阻值的大小。若被测电感器的阻值为零，说明电感器内部绕组有短路故障。注意操作时一定要将万用表调零，反复测试几次。若被测电感器阻值为无穷大，说明电感器的绕组或引出脚与绕组接点处发生了断路故障。

注意：这种测量方法只是一种比较粗略的估测，有些绕组匝间绝缘轻微短路的变压器是检测不准的。

（5）贴片式元器件：

1）贴片式元器件种类：变频器电子线路板现在大部分采用贴片式元器件也称为表面组装元器件，它是一种无引线或引线很短的适于表面组装的微小型电子元器件。贴片式元器件品种规格很多，按形状分可分为矩形、圆柱形和异形结构。按类型可分为片式电阻器、片式电容器、片式电感器、片式半导体器件（可分为片式二极管和片式三极管）、片式集成电路。

2）贴片式元器件的拆、焊：用 35W 内热式电烙铁，配长寿命耐氧化尖烙铁头。将烙铁头上粘的残留物擦干净，仅剩有一层薄薄的焊锡。两端器件的贴片式元器件拆卸、焊接操作比较容易。贴片式集成电路引脚细且多、引脚间距小，周围元器件排列紧凑，拆装不易。它们的拆卸和焊接，在没有专用工具的条件下是有一定难度的，在此着重介绍贴片式集成电路的拆卸、焊接操作。

①拆卸方法：如已判断出集成电路块损坏，用裁纸刀将引脚齐根切断，取下集成电路块。注意切割时刀头不要切到线路板上。然

后，用镊子夹住断脚，用尖头烙铁熔化断脚上的焊锡，将断脚逐一取下。

②焊接方法：焊接前，先用酒精将拆掉集成电路块的线路板铜箔上的多余焊锡及脏东西清理干净，将集成电路块的引脚涂上酒精松香水，并将引脚搪上一层薄锡。然后核对好集成电路引脚位置，将集成电路块放在待焊的线路板上，轻压集成电路块，用电烙铁先焊集成电路块四个角上的引脚，将集成电路块固定好，再逐一对其他各引脚进行焊接。为了保证焊接质量，焊接时最好使用细一些的焊锡丝，如 0.6 mm 焊锡丝，焊出来的效果会好一些。

变频器的维修工作是一项理论知识、实践经验与操作水平相结合的工作，其技术水平决定着变频器的维修质量。要经常阅读一些有关的书报杂志，不断了解这些电子元器件所具备的功能和特点，开拓思路，给维修工作以启迪，并将这些学到的知识应用于实际工作中，解决一些维修过程中无法解决的问题，以使自己的技术水平不断提高。

第三节　电梯装置

一、电梯概述

电梯的电气控制系统是采用 PLC 和交流调速（VVVF）控制，其硬件结构具有自动平层、自动开关门、顺向响应轿内外呼梯信号、直驶、电梯安全运行保护等功能，以及电梯停用、急停、检修、慢上、慢下、照明和循环风扇等特殊功能。

采用三菱 D720 型变频器作为 220V 交流曳引电动机的调速装置。该装置对电机具有加减速控制、正反转控制、点动控制及根据模拟输入控制等多种功能。系统逻辑控制则由 PLC 完成（可联机）。PLC 采用的是日本三菱公司的 FX2N-64MR 型，其输出方式为继电器输出形式。通过主机上配有的 RS422 或 RS232 接口，可实现 PLC 与 PC 机的通信。

使用 GX-Developer 软件，可直接在 PC 机上用梯形图编程、调试，直观易学，也可用 FP 编程器Ⅱ进行指令编程，现场直接调试。

电梯轿厢位置检测和电气选层信号由安装在轿厢顶上和曳引轮相连的旋转编码器得到，从而摆脱了以往靠继电器和接触开关等有触点器件控制的庞杂线路系统，优化了线路，大大地提高了系统运行的可靠性，同时也便于检修。

随着科学技术的发展，新型电梯也层出不穷。

（1）群控电梯：统一调度多台集中并列的电梯。

（2）并联控制电梯：2～3 台电梯的控制线路并联，进行逻辑控制，共用层站外召唤按钮。

（3）集选控制电梯。

（4）信号控制电梯。

二、电梯的运行

1．基本运行原理

一部电梯主要由轿厢、配重、曳引机、控制柜/箱、导轨等主要部件组成。电梯在做垂直运行的过程中，有起点站也有终点站。对于三层以上建筑物内的电梯，起点站和终点站之间还设有停靠站，起点站设定在一层，终点站设在最高层。

各站的厅外设有召唤箱，箱上设置有供乘用人员召唤电梯用的召唤按钮。一般电梯在起点站和终点站上各设置一个按钮，中间层站的召唤箱上各设置两个按钮。而电梯的轿厢内部设置有操纵箱，操纵箱上设置有手柄开关或与层站对应的按钮，供司机或乘用人员控制电梯上下运行。召唤箱上的按钮称外呼按钮，操纵箱上的按钮称指令按钮。

本节主要通过分析单台六层电梯的 PLC 控制方法，分别叙述其电气设计和软件设计过程。

2．电梯的电力拖动部分

（1）电梯主拖动类型有直流电动机拖动、交流电动机拖动、直流 G-M（发电机—电动机组供电）。拖动、晶闸管供电（SCR-M）的直流拖动和交流双速电动机拖动、交流调压调速（AVCC）拖动、交流变调速（VVVF）等。因直流电梯的拖动电动机有电刷和换向器，维护量较大，可靠性低，现已被交流调速电梯所取代。为了得到较好的舒适感，要求曳引电动机在选定的调速方式下，电动机的输出转矩总能达到负载转矩的要求。考虑到电压的波动、导轨不够平直造成的运动阻力增大等因素，电动机转矩还应有一定的裕度。

（2）电梯的电气控制部分：电气控制系统由控制盘、操纵面板、层楼指示、召唤面板及曳引电动机等几十个分散安装在电梯井道内外和各相关电梯部件中的电器元件构成。电气控制系统通过电路控制电力拖动系统工作程序，完成各种电气动作功能，保证电梯安全运行。

电梯一般是由电动机来拖动的，其运行过程大多包括启动、正（反）转、停止等，这整个过程是由电气控制系统来完成。具体地说电梯的控制主要是指对电动机的启动、停止、运行方向、层楼指示、曾站召唤、轿厢内指令等进行处理。其操纵是实行各个控制环节的方式和手段。

电梯电气控制系统与电力拖动系统比较，变化范围比较大。当一台电梯的类别、额定载重量和额定运行速度确定后，电力拖动系统各部件就基本确定了，而电气控制系统则有比较大的选择范围，必须根据电梯安装使用地点、乘载对象进行认真选择，才能最大限度地发挥电梯的使用效益。

电气控制系统决定着电梯的性能、自动化程度和运行可靠性。随着科学技术的发展和技术引进工作的进一步开展，电气控制系统发展换代迅速。继电器控制系统的电梯故障率高，大大地降低了电梯的运行可靠性和安全性，所以基本上已经被淘汰。而 PLC 以其体积小、功能强、故障率低、寿命长、噪声低、维护保养简便、修改逻辑灵活、程序容易编制、易联成控制网络等诸多优点得到了广泛的应用。

6 层电梯是最常见的升降式客梯结构，其结构如图 3-4、图 3-5 所示，包括机房、井道、厅门、轿厢等几大部分。

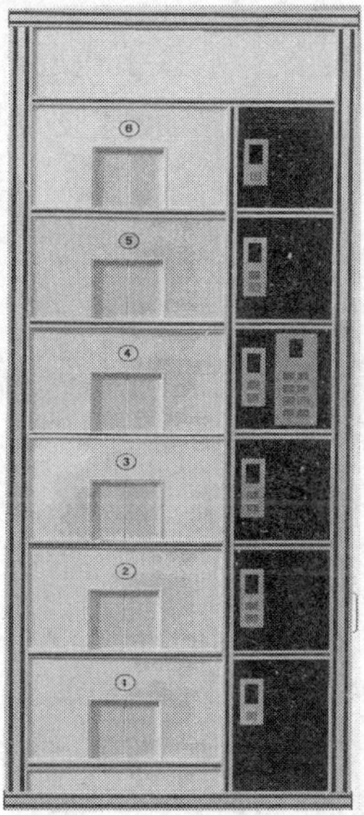

图 3-4　电梯正面结构图

图 3-5　电梯侧面整机结构图

三、电梯的主要组成部分及其安装部位

1．电梯机房里的主要部件

（1）曳引机：曳引机是电梯的驱动装置。包括：

①驱动电动机：交流电梯为专用的双速或三速电机。直流电梯为专用的直流电机。

②制动器：在电梯上通常采用双瓦块常闭式电磁制动器。在电梯停止或电源断电的情况下制动抱闸，以确保电梯不致移动。

③减速箱：大多数电梯厂选用蜗轮、蜗杆、减速箱，也有行星

齿轮、斜齿轮减速箱。无齿轮电梯不需减速箱。本书所述电梯采用的是蜗轮、蜗杆、减速箱。

④曳引轮：曳引机上的绳轮称为曳引轮。两端借助曳引钢丝绳分别悬挂轿厢和对重，并依靠曳引钢丝绳与曳引轮绳槽间的静摩擦力来实现电梯轿厢的升降。

⑤导向轮：为保证轿厢端与对重端钢绳各自垂直于轿厢和对重，且保持平行，并保证曳引轮有足够大的包角，故一般常设置导向轮（俗称抗绳轮）。

（2）限速器：当轿厢运行速度达到限定值时，能发出电信号并产生机械动作的安全装置。

（3）控制柜：各种电子元器件和电器元件安装在一个防护用的柜形结构内，按预定程序控制电梯运行的电控设备。

（4）旋转编码器：给轿厢定位的装置。

2．电梯井道里的主要部件（图 3-6）

图 3-6　电梯井道示意图

（1）轿厢：轿厢由轿厢架、桥厢体（包括轿厢门、门机系统、导靴、操纵箱）等组成。轿厢因用途不同，规格尺寸与外形设计也不同。

（2）导轨：导轨通过导轨支架被固定在井道壁上，导轨的位置限定了轿厢和对重的位置。导轨是轿厢上下运行的轨道。

（3）对重装置：对重装置由对重轮、对重架、对重砣、曳引绳、防护遮栏等组成、对重与轿厢相衬托起平衡作用。

（4）缓冲器：当轿厢向下运行时，由于断绳、超载、安全钳限速器不动作、曳引轮和钢丝绳打滑、制动器失效、无制动力矩以及极限开关不起作用等原因，会造成轿厢向底坑掉落，这时装在轿厢下方底坑中的缓冲器可以减缓轿厢与底坑间的冲击。

（5）限位开关：该装置可以装在轿厢上，也可以装在电梯井道上端站和下端站附近，当轿厢运行超过端站时，用于切断电源的安全装置。

（6）计数复位限位开关：使旋转编码器计数复位的装置。

（7）随行电缆：电梯随行电缆是电梯机房电气器件与轿厢、井道及厅门等处电气器件相连接的导线。

3．轿厢上的主要部件

（1）操纵箱：操纵箱装在轿厢内靠近轿厢门附近（在本电梯中是装在电梯底座上面）。用指令开关或按钮，操纵轿厢运行。

（2）轿内指层灯：轿内指层灯设置于轿厢内，用以显示电梯运行位置和运行方向。

（3）自动门机：自动门机装在轿厢顶的前部，以小型直流电动机为动力的自动开、关轿门和厅门的装置。

（4）轿门：轿门设置在轿厢入口的门。

（5）安全钳：安全钳由于限速器作用而引起动作，迫使轿厢或对重装置卡停在导轨上，同时切断控制回路的安全装置。

（6）导靴：导靴设置在轿厢架和对重装置上，使轿厢和对重装置沿着导轨运行的装置。

（7）照明、风扇等装置：用于对轿箱内部照明和通风的装置。一般安装在轿厢的顶部。

4．电梯层门口的主要部件

（1）层门：层门设置在层站入口的封闭门。

（2）门锁：层门门锁设置在层门内侧，门关闭后，将层门锁紧。

（3）楼层指示：层楼指示灯设置在层站层门上方或一侧，用以显示轿厢运行层站位置和方向。

（4）召唤盒：召唤盒设置在层站门侧，当乘客按下需要的召唤按钮时，在轿厢内可显示或登记，令电梯运行停靠在召唤层站。

四、竖梯的传动结构

竖梯采用的是世界电梯行业广泛应用的提升式（曳引式）提升机构。在曳引式提升机构中，钢丝绳悬挂在曳引轮上，一端与轿厢连接，另一端与对重连接。曳引轮转动时，使曳引钢丝绳与曳引轮之间产生摩擦力，从而带动电梯轿厢上升或下降。由于悬挂轿厢和对重的曳引钢丝绳与曳引轮绳槽间有足够的摩擦力来克服任何位置上的轿厢侧和对重侧曳引钢丝绳上的拉力差，因而保证了轿厢和对重随着曳引轮的正转和反转，而不断地上升和下降。

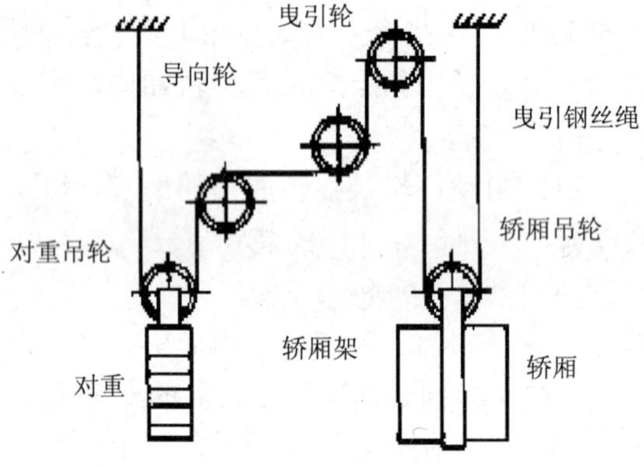

图 3-7　电梯曳引钢丝绳绕法（2∶1）

如图 3-7 所示为该竖梯的曳引式提升机构——曳引传动结构示意图。电梯的曳引传动方式为 2∶1，其比值表示电梯在运行时，曳引钢丝绳的线速度与轿厢升降速度之比，称为电梯的曳引比。若曳引钢丝绳的线速度等于轿厢的升降速度的 2 倍，我们即称其曳引比为 2∶1。

五、电梯的曳引系统及定位装置

1. 电梯的曳引系统

曳引机是驱动电梯上下运行的动力装置。一般分为无齿轮曳引机和有齿轮曳引机两种。

（1）无齿轮曳引机（无减速器曳引机）：无齿轮曳引机用在运行速度 $V>2.0$ m/s 的高速电梯上。这种曳引机的曳引轮紧固在曳引电动机轴上，没有机械减速机构，调整机结构比较简单。该曳引机制动时所需的制动力矩要比有减速器曳引机大得多，因此无齿轮曳引机的制动器比较大。同时由于无齿轮曳引机没有减速器等不利因素，所以使用寿命比较长。其外形如图 3-8 所示。

图 3-8　无齿轮曳引机

（2）有齿轮曳引机：有齿轮曳引机广泛应用在运行速度 $V<2.0$ m/s 的各种电梯上，其一般采用涡轮减速传动机构。这种曳引机主要由曳引电动机、蜗杆、蜗轮、制动器、曳引绳轮等构成，其外形如图 3-9 所示。曳引电动机通过联轴器与蜗杆连接，蜗杆与曳引绳轮共同装在一根绳上。由于蜗杆和蜗轮间有啮合关系，曳引电动机能够通过蜗杆驱动绳轮做正反方向运动，同时驱动轿厢和对重上

下运行。

（3）制动器：制动器是电梯非常重要的安全装置，其结构如图3-10 所示。其工作特点是：电动机通电时制动器松闸，电梯失电或停止运行时抱闸。

图 3-9　有齿轮曳引机结构图

图 3-10　电磁制动器

制动器在工作时要做到：

①能够使运行中的电梯在切断电源时自动把电梯轿厢擎停住。电梯正常使用时，一般都是在电梯通过电气控制使其减速停止，然后再机械抱闸。

②电梯停止运行时，制动器应能保证在 125%～150%的额定载荷情况下，电梯保持静止直到工作时才松闸。

制动器一般都是装在电动机和减速器之间，即装在高速转轴上。因为高转速轴上所需的制动力矩小，这样可减少制动器的结构尺寸。制动器的制动轮就是电动机和减速器之间的联轴器圆盘。制动轮一般装在蜗杆一侧，以保证联轴器损断时，电梯仍能制动被擎停住。

2．定位装置

此电梯的定位装置为增量型旋转编码器。其特点为：只有在旋转期间会输出对应旋转角度脉冲，它是利用计数来测量旋转的方式，通过 PLC 采集旋转编码器旋转时产生的脉冲信号将电梯定位。图

3-11 即为本电梯所使用的旋转编码器的组装位置。

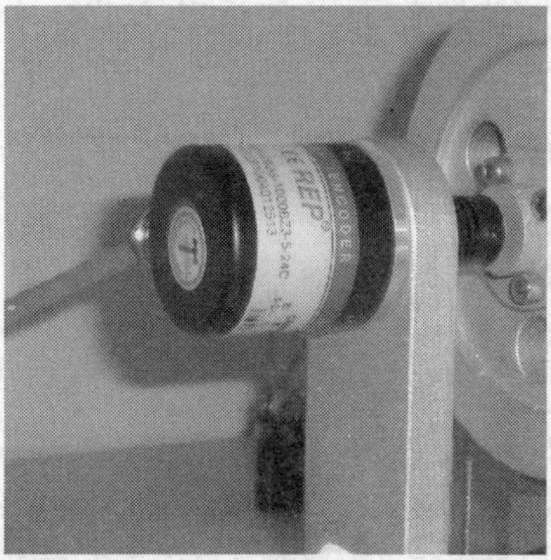

图 3-11　电梯的定位装置

旋转编码器的中心轴通过弹性联轴器与曳引轮的中心轴相连，当曳引轮带动轿厢及对重上下运行的同时也带动了与之相连的旋转编码器作相应的正反转。电梯每上升或下降一段距离，旋转编码器的脉冲信号数就相应地增加或减少以控制轿厢的平层位置。

六、导轨、导靴和对重

1．导轨

电梯中的导轨是轿厢和对重在垂直方向运动时的导向，限制轿厢和对重在水平方向的移动，防止由于轿厢的偏载而产生的倾斜。同时当安全钳动作时，导轨作为被夹持的支承件支承轿厢和对重。

电梯工作时轿厢和对重借助于导靴沿着导轨上下运行。在电梯井道中，导轨起始段一般都支承在底坑中的支承板上，每个压道板每隔一定的距离就有一个固定点，借助于螺栓、螺母与压道板，将导轨固定在井道壁上，如图 3-12 所示。

2．导靴

导靴是使轿厢和对重装置沿导轨运行的装置。轿厢导靴安装在轿厢上梁和轿厢底部安全钳座下面，对重导靴安装在对重架上部和底部。导靴按其在导轨工作面上的运动方式，分为滑动导靴和滚动导靴。本电梯采用的是弹性滑动导靴，如图 3-13 所示。弹性滑动导靴主要由靴座、靴衬、靴头、靴轴、压缩弹簧及调节丝杆等组成。

图 3-12　压导示意图

图 3-13　弹性滑动导靴和弹性滑动导靴

弹性滑动导靴的靴头是浮动的，在弹簧力的作用下，靴衬的底部始终压贴在导轨端面上，因此能使轿厢保持较为稳定的水平位置，同时在运行中具有缓冲振动和冲击的作用。

3．对重

对重又称为平衡重，其作用在于减少曳引电动机的功率和曳引轮、蜗轮上的力矩。对重的结构没有固定的形式，但不论何种形式，在对重的四个角上都应设置四只导靴以保证对重在电梯运行时沿着对重导轨垂直运行，如图 3-14 所示。对重铁块放入对重架内，对重铁块应便于搬运。对重铁块配置的数量应使对重铁块和对重架的总重量等于轿厢总重量加（0.4～0.5 倍）额定载重重量。

图 3-14　对重装置

七、轿厢和门机机构

1．轿厢

电梯轿厢是用于运送乘客或货物的电梯组件。电梯的轿厢一般由轿底、轿壁、轿顶、轿厢架等几个主要部件组成，如图 3-15 所示。

2．门机机构

（1）门的分类：电梯的门机机构按安装位置可分为轿门和层门（或称厅门）。层门装在建筑物每层电梯停站的门口，挂在层门上坎上。轿门则挂在轿厢上坎上，与电梯一起上升、下降。梯门按开门方式可分中分门、旁开门。中分门有单扇中分、双折中分；旁开门有单扇旁开、双扇旁开、三扇旁开。其外形和结构如图 3-16 所示。

图 3-15　轿厢机构

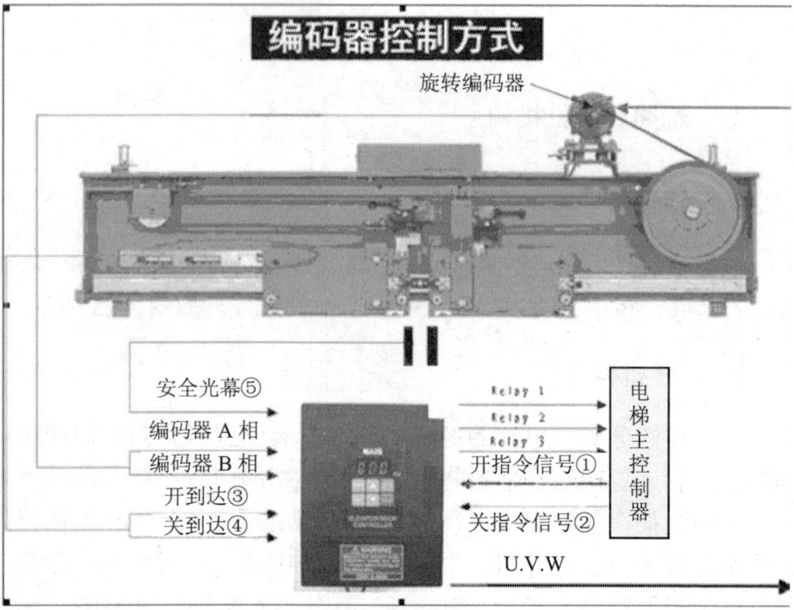

（a）外观形状

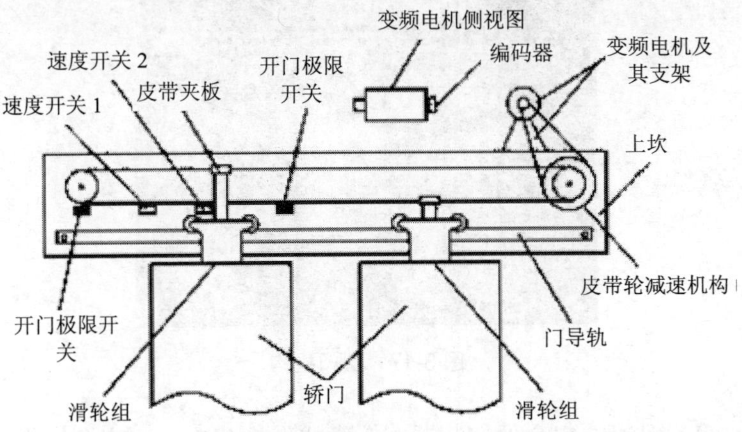

（b）传动原理

图 3-16　采用编码器控制的门机构的外观形状和传动原理

（2）轿门及其安全机构：电梯的门由门扇、门滑轮、门地坎和门导轨架等部件组成。层门和轿门都由门滑轮悬挂在门的导轨（或导槽）上、下部通过门滑块与门地坎相配合。门的关闭、开启的动力源是门电动机。门电机通过传动机构驱动轿门运动，再由轿门带动厅门一起运动。

门机以带齿轮减速器的直流电机为动力，由门机链条传动。传动链轮轴上安装有曲柄杆，曲柄杆的两端分别与门扇驱动连杆相连。电机转动带动门扇的开与关。

（3）层门．电梯层门的开与关是通过安装在轿门上的开门刀片来实现的。当轿厢离开层门开锁区域时，层门无论何种原因开启都应有一种装置能确保层门自动关闭，这种装置可以利用弹簧的作用强迫层门闭合。弹簧结构如图 3-17 所示。此外，每个层门上都装有一把门锁。层门关闭后，门锁的机械锁钩啮合，锁住层门不被随易打开。只有当电梯停站时，层门才在开门刀的带动下开启，或用专门配制的钥匙开启层门。

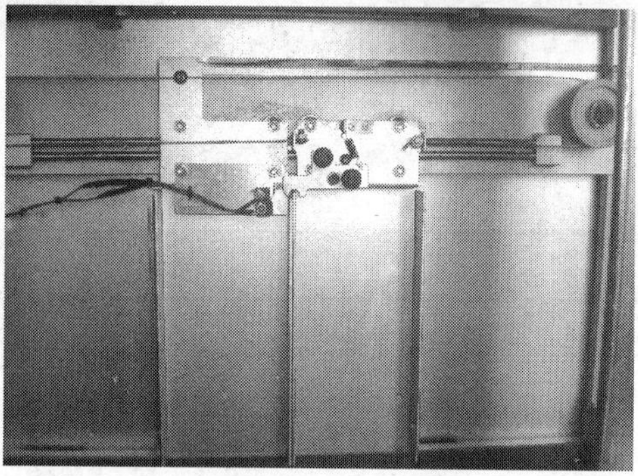

图 3-17　层门机构

（4）轿门的安全保护装置：接触式保护装置——安全触板，如图 3-18 所示。它由触板、控制杆和微动开关组成。平时，触板在自重的作用下，凸出门扇一些距离，当门在关闭中碰到人或物品时，触板被推入、控制杆转动，并压住微动开关触头，使门电机迅速反转，门被打开。

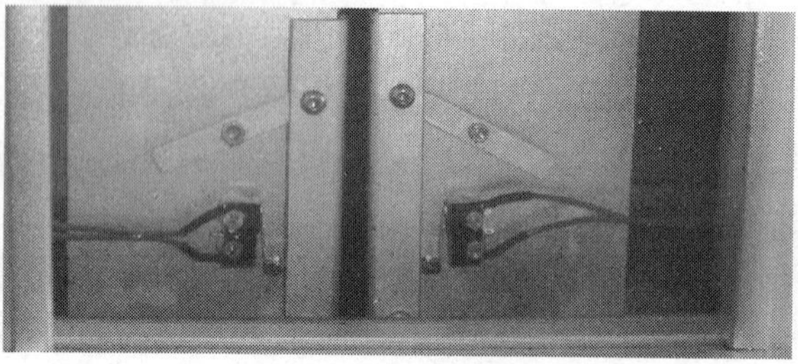

图 3-18　安全触板

八、电梯的安全装置

电梯的安全装置有电气安全装置和机械安全装置之分。电气安全装置在前面电梯控制原理中作了相应的介绍。机械安全装置主要有：限速器、安全钳和缓冲器等部件。

在电梯中，限速器和安全钳是十分重要的机械安全保护装置。它们的作用在于：因机械和电气的某种原因，例如钢丝绳断裂、轿厢滑轮脱离或电机升降速过高等使电梯失控而发生超速下降，当下降速度达到一定限值时，限速器就会紧急制动，通过安全钢丝绳及连杆机构带动安全钳动作，使轿厢卡停在导轨上不致继续坠落。不论是限速器，还是安全钳都不能单独完成上述任务，必须靠它们的配合动作来实现。

限速钢丝绳是一根两端封闭的钢丝绳。上面套绕在限速器轮上，下面绕过挂有重物的张紧轮，在限速钢丝绳的某处与轿厢上的安全钳的连杆机构固定，而连杆机构则装在轿厢上梁预留孔中。这样当电梯下降速度达到限速器动作的规定速度时，限速器就被其夹绳装置夹持擎停。与此同时，由于轿厢继续下降，这时被擎停在导轨上，达到保护轿厢、乘客或货梯的目的。

1. 限速器

常见的限速器有凸轮式、刚性夹持式和弹性夹持式三种，电梯额定速度不同，使用的限速器也不同。额定速度不大于 0.63 m/s 的电梯，采用刚性夹绳限速器，配用瞬时式安全钳。大于 0.63 m/s 的电梯，采用弹性可滑移夹绳限速器，配用渐进式安全钳。本电梯采用的是凸轮式限速器。凸轮式限速器也称惯性式限速器，适用于电梯额定速度在 0.5～1 m/s 以下的低速梯；其结构如图 3-19 所示。

图 3-19　凸轮式限速器

当轿厢下行时，限速绳带动限速轮作顺时针旋转，限速轮内有一个五边形盘状凸轮，限速轮转动时，五边形盘状凸轮的轮廓线与装在摆动杆上的限速胶轮接触，凸轮轮廓线上径向的变化，使挺杆猛烈地摆动，由于限速胶轮轴的另一端被限速器拉簧拉住，在额定速度范围内，使挺杆右边的棘爪与棘轮上的棘齿脱离接触。当轿厢超速达到规定的超速值时，凸轮转速加快，圆周上离心力增加，使挺杆摆动的角度增大到使棘爪与棘轮上的棘齿相啮合，限速器轮被迫停止转动。随着轿厢继续下行，限速器轮槽与限速绳之间产生摩擦力使限速绳轧住，带动安全钳联动系统，将安全钳拉杆提起，安全钳楔块动作，轿厢被制动在导轨上。

调节拉簧的拉力，可调节限速器的动作速度，当限速器动作后需要复位时，可以将轿厢慢速上行，限速轮反向旋转，棘爪与棘齿脱开，安全钳即可复位。

凸轮式限速器的缺点是没有可靠的轧绳装置，只靠限速绳与限速轮槽的接触产生的摩擦力而动作安全钳，所以现在较少采用。

2. 安全钳

安全钳装置在轿厢架的底梁上，处于下导靴之上，随着轿厢沿导轨运动。安全钳楔块由连杆、拉杆、弹簧等传动机构与轿厢上的限速器钢丝绳相连接。当电梯出现故障使轿厢超速下降时，如果下降速度达到限速器动作速度，限速器发生动作，通过制动机构将限速绳轧住，这时连接杠杆被上提，通过轿厢上的连动机构和安全钳楔块拉条，将安全钳楔块上提，使楔块揳进安全钳钳体与导轨之间，将轿厢卡在导轨上。这时安全钳电气连锁开关相应动作切断控制电路电源，迫使曳引机停止工作。安全钳连锁开关应在轿厢卡在导轨上之前与安全钳同时动作。安全钳外形如图 3-20 所示。

安全钳动作带动连锁限位开关动作后，限位开关只能由人工用慢速将轿厢向上提升复位。安全钳释放后，必须经专职人员参与调整后，才能恢复使用。

3. 限速器张紧装置

限速器张紧装置包括限速绳、限速轮、重砣块等，其安装在坑底内，限速绳由轿厢带动运行，限速绳将轿厢运行速度传递给限速轮，限速轮反映出电梯实际运行速度。当限速器动作时，通过限速绳使安全钳动作。限速器外形如图 3-21 所示。

图 3-20　安全钳

图 3-21　限速器

4. 超重报警装置

为了使电梯能在设计载重量范围内正常运行，在轿厢上设置了超载装置。其安装在轿厢顶部，包括压力弹簧和微动开关。当轿厢内的重力超过设计重量时，弹簧被压下，微动开关断开。通过电气系统控制电机停止运行并输出报警信号。这时只有减少轿厢内重到规定范围内电梯才能关门、启动。

5. 缓冲器

缓冲器设在井道底坑的地面上。若由于某种原因，当轿厢或对重装置超越极限位置发生蹲底时，缓冲器用来吸收轿厢或对重装置的动能。

在轿厢和对重装置下方的井道底坑地面上均设有缓冲器。在轿厢下方，对应轿厢架下缓冲板的缓冲器称为轿厢缓冲器；对应对重架缓冲板的称为对重缓冲器。同一台电梯的轿厢和对重缓冲器其结构规格是相同的。

缓冲器有蓄能型（弹簧）和耗能型（液压）两种。弹簧缓冲器由缓冲垫、缓冲座、缓冲弹簧和弹簧座等组成，如图 3-22 所示。当弹簧缓冲器受到轿厢或对重装置的冲击时，依靠弹簧的变形来吸收轿厢或对重装置的动能。当电梯运行到井下部时，因断绳或超载等各种原因，使轿厢超越底层停站继续下行，但下行速度为达到限速器动作速度，在下部限位开关不起作用的情况下，则设置在底坑中的轿厢缓冲器，可以减缓轿厢对底坑的冲击。同样，当轿厢超越最高停站，继续上行时，在上部限位开关不起作用的情况下，对重缓冲器可以减缓对重对底坑的冲击。弹簧缓冲器一般用于额定速度在 1 m/s 以下的电梯中。

图 3-22　电梯缓冲装置

九、电梯装置的控制原理

1．控制原理

现在的电梯一般是由乘客自己操作的自动电梯。电梯在底层和顶层分别设有一个向上或向下召唤按钮，而在其他各层站各设有上、下召唤按钮（这些都属于外呼按钮）。当进入轿厢的乘客按下指令按钮时，指令信号被登记，当等待在厅门外的乘客按下召唤按钮时，召唤信号被登记。电梯在向上运行的过程中按登记的指令信号和向上召唤信号逐一予以停靠，直至信号登记的最高层站，然后又反向向下运行，顺次响应向下指令及向下召唤信号予以停靠。每次停靠时，电梯自动进行减速、平层、开门。当乘客进出轿厢完毕后，又自行关门启动，直至完成最后一项工作。如有信号再出现，则电梯根据信号位置选择方向自行启动运行。若无工作指令，则轿厢停留在最后停靠的层楼。

2．自动、手动工作状态的选择

在轿厢操纵盒上设有一个自动/手动开关。当开关伸出置于自动位置时，电梯将根据指令信号自动运行。当开关按下置于手动位置时，则电梯由专人操作运行或检修。

3．自动开关门

（1）自动开门：当电梯慢速平层时，经过平层延迟后门机动作，自动开门。当门开到位时，门开到位开关动作，门机停止。

（2）自动关门：电梯停靠楼层开门后，经过约 5s 延时，门电机向关门方向运转。当门关到位时，门关到位开关动作，门电机停。

（3）提早关门：在一般情况下，电梯停靠站开门后约 5s 后又自动关门。但当乘客按下关门按钮时电梯就立即关门。

（4）“开门”按钮：如电梯在关门时或门闭合而未启动前需要再开启，则可按下“开门”按钮，重新开启门。

（5）层门连锁开关：当所有层的门都关闭时，电梯可以升降，若有一层的层门开着，电梯即不能运行。

（6）本层厅外开门：当轿厢停在某层且门关闭，按下该层召唤按钮，则门将被打开。

4．电梯的启动、加速和满速运行

电梯的启动由 PLC、变频器及电磁制动器共同控制。首先 PLC 根据指令信号确定上升（KMU 口输出）或下降（KMD 口输出）指令，然后将上升或下降及速度控制指令传递给变频器相应的正转（FDW）或反转（REV）及预置速度（$s1$，$s2$），并将开闸指令给电磁制动器使制动器抱闸松开。变频器经过内部设定预置速度控制电梯的启动、加速及满速运行。

5．电梯楼层的定位

由 PLC 的高速计数端口采集与曳引轮相连的旋转编码器的脉冲信号及轿厢所在位置决定。也就是当轿厢运行到某楼层的层门槛处时，记下此时旋转编码器的脉冲数，作为此楼层的定位脉冲数。

6．电梯的停站、减速和平层

当电梯达到要停靠的层站时（设电梯向上运行），由 PLC 经过判断此楼层符合，则当旋转编码器的计数脉冲数处于此层的减速脉冲区域时，PLC 慢速信号输出至变频器 *s*1，则变频器按减速到慢行速度，轿厢继续上升，编码器脉冲数继续增加至此层的平层段，经过平层延时调整（使电梯准确平层），曳引电动机停止，制动器抱闸，平层完毕轿厢停止运行。

7．电梯停站信号的发生以及信号的登记和消除

（1）指令信号停站：无论电梯上行或下行时，按下轿厢内指令按钮，则指令信号被登记，并存储了停层信号。当停站后，此指令信号消除。

（2）顺向召唤停站：在电梯运行中，顺向按下楼层的召唤按钮，信号被登记并存储停层信号，而逆向按下的召唤按钮则不被登记，同时也不存储其停层信号。

顺向向上召唤停站。如：当轿厢从 2 楼向上运行时，若 3 楼有召唤信号，则轿厢到达 3 楼时，电梯平层停站。同时此召唤信号消除。

顺向向下召唤停站。如：当轿厢从 3 楼向下运行时，若 2 楼有召唤信号，则轿厢到达 2 楼时，电梯平层停站。同时此召唤信号消除。

（3）最高层向下召唤停站：当轿厢上行时，如最高层信号是 4 楼向下召唤。当轿厢到达 4 楼时停站，召唤信号消除。

（4）最底层向上召唤停站。当轿厢下行时，如最底层信号是 1 楼向下召唤。当轿厢到达 1 楼时停站，召唤信号消除。

8．电梯行驶方向的保持和改变

（1）电梯的行驶方向：由PLC根据召唤的信号或指令信号与轿厢的相对位置，经过逻辑判断决定。如轿厢在3楼，若2楼有召唤指令，则电梯将下行；反之，若4楼召唤，则电梯将上行。

（2）运行方向的保持：当电梯上行时，指令信号、向上召唤信号和最高层向下信号逐一地被执行。当电梯执行这个方向的最后一个指令而停靠时，这时如有乘客进入轿厢，则其指令信号可优先决定电梯运行方向。当电梯门关闭后如无向上指令出现，但下方有召唤信号，则电梯反向下行，逐一应答被登记的向下召唤指令信号。

9．音响信号及指示灯

（1）召唤记忆灯：当召唤按钮按下后，其信号被登记，同时其记忆信号灯被接通点亮，当其信号指令被执行后，记忆灯熄灭。

（2）门外指层灯和轿厢内指层灯：电梯厅门外和轿厢操纵盒上设有方向箭头指示灯及指层灯，表示电梯的运行方向和轿厢所在的楼层。

（3）到站钟铃（可扩展）：当轿厢到达适合楼层时，到站钟铃提示到站平层。

10．电梯的安全保护

（1）超速保护：当电梯发生意外事故时，轿厢超速或高速下滑（如钢丝绳折断，轿顶滑轮脱离，曳引机蜗轮蜗杆会失灵，电机下降转速过高等原因）。这时，限速器就会紧急制动，通过安全钢索及连杆机构，带动安全钳动作，同时使轿厢卡在导轨上而不会下落。同时，限速开关打开，切断电气控制线路，电磁制动器失电抱闸。

（2）轿厢、对重用弹簧缓冲装置：缓冲器是电梯极限位置的安全装置，当电梯因故障造成轿厢或对重蹲底或冲顶时（极限开关保护失效），轿厢或对重撞击弹簧缓冲器，由缓冲器吸收电梯的能量，从而使轿厢或对重安全减速直至停止。

（3）门安全触板保护装置：在轿厢门的边沿上，装有活动的安全触板。当门在关闭过程中，安全触板与乘客或障碍物相接触时，通过与安全触板相连的连杆，触及装在轿厢门上的微动开关动作，使门重新打开，避免事故发生。

（4）厅门自动闭合装置：电梯层门的开与关是通过安装在轿门上的开门刀片来实现的。每个层门都装有一把门锁。层门关闭后，门锁的机械锁钩啮合，同时轿门电气连锁触头闭合，电梯控制回路接通，此时电梯才能启动运行。

（5）终端极限开关安全保护：在电梯井道的顶部及底部装有终端极限开关。当电梯因故障失控，轿厢发生冲顶或蹲底时，终端极限开关动作并切断控制电路，使轿厢停止运行。

11. 电梯轿厢内照明及排风

轿厢的上壁上装有照明灯和排风扇，其对应控制开关在故障检修盒上，其电路独立，不经 PLC 控制。

12. 电梯的紧急停车

故障检修盒上设有急停开关，当电梯发生意外情况时，按下急停开关，电梯紧急制动，停止运行。

十、电梯的日常维护与检修

1. 电梯的日常维护保养

①维保人员每次保养电梯应对主要安全设备和电气控制部分进行一次检查。

②异常声响及振动的检查。

③舒适感的检查。

④限速器的检查。

⑤轿厢门和自动门机构的检查。

⑥控制屏和曳引机的清洁。

⑦电梯润滑系统的检查，导轨和导靴的润滑。

⑧电梯安全钳的检查。

⑨电梯缓冲器的检查。

⑩电梯曳引钢丝绳的检查。

⑪电梯曳引轮的检查。

⑫电梯井道终端限位开关，极限开关联动检查。

2．电梯的常见故障处理（表 3-4）

表 3-4　电梯故障部位、故障现象的原因分析及预防措施

序号	故障部位	故障现象	原因分析	预防措施
1	门锁（电气接点和机械装置），门保护装置	电梯不关门	操作按钮使用频繁造成损坏、卡阻	使用单位巡查，维保单位加强维护保养，及时调整更换
			门触板开关线路接触不良（老化，继电器粘连）	加强维护保养
			光幕线接头接触不良；线路插件失效；光幕不清洁或光幕位置不合适造成信号接收受阻	加强维护保养，每日巡查、检查并及时调整，每日清洁光幕
		关门受阻	外力挤压（货物、餐车等）厅门变形	及时调整更换
			地坎门滑道异物造成卡阻	每日注意清洁滑道，保持滑道清洁
			风压过大	必要时增加门配重砣
		关门不走车	继电器接触不良	加强维护保养
			门锁电气接点接触不良	调整门触点
			关门限位信号故障	加强维护保养
		到站不开门	接触器接触不良	加强维护保养
			门机械锁卡阻	加强维护保养
		开门走车	短接门锁安全回路或制动力不足	加强维护保养，维修过程中严格执行《电梯安装维修作业安全规范》

<table>
<tr><th>序号</th><th>故障部位</th><th>故障现象</th><th>原因分析</th><th>预防措施</th></tr>
<tr><td rowspan="4">2</td><td rowspan="4">超满载功能</td><td rowspan="2">未超载即报警</td><td>称量装置调整不到位</td><td>按标准调整称量装置</td></tr>
<tr><td>轿厢装潢过度，未调整称量装置</td><td>在设计允许范围内，在厂家指导下调整称量装置和平衡系数</td></tr>
<tr><td rowspan="2">超载不报警</td><td>称量装置调整不到位</td><td>按标准调整称量装置</td></tr>
<tr><td>超载开关失灵</td><td>加强维护保养，及时更换</td></tr>
<tr><td rowspan="3">3</td><td rowspan="3">限速器</td><td rowspan="2">运行时非正常停梯</td><td>保养调整不到位</td><td>加强维护保养</td></tr>
<tr><td>限速器（上行超速保护装置）安全开关动作</td><td>加强维护保养，尤其是限速器张紧轮安全开关</td></tr>
<tr><td>动作不正常</td><td>维护保养不到位</td><td>加强维护保养，注意限速器及限速绳清洁润滑</td></tr>
<tr><td rowspan="5">4</td><td rowspan="5">制动器</td><td rowspan="5">冲顶、蹲底（带闸运行）</td><td>保养调整不到位</td><td rowspan="5">加强维护保养，检查制动器工作状态，尤其注意以下环节：
1．减速器工作状况
2．制动臂动作情况
3．制动铁芯润滑情况
4．制动器闸瓦磨损及间隙状况
5．接触器防粘连功能</td></tr>
<tr><td>制动臂销轴转动不灵活</td></tr>
<tr><td>制动铁芯润滑不良</td></tr>
<tr><td>制动力不够</td></tr>
<tr><td>接触器防粘连功能未起作用</td></tr>
<tr><td rowspan="2">5</td><td rowspan="2">曳引钢丝绳及曳引轮</td><td>液压缓冲器开关动作</td><td>保养调整不到位，未及时调整，钢丝绳伸长</td><td>加强维护保养</td></tr>
<tr><td>曳引轮异常磨损</td><td>张力不均匀</td><td>加强维护保养</td></tr>
<tr><td>6</td><td>轿厢通信</td><td>对讲不能有效应答</td><td>未按标准设置</td><td>1．通信装置应有效连通
2．通信装置接收端在运行期间应有人值守
3．值守人员应掌握应对不同状况的相应要求</td></tr>
<tr><td>7</td><td>随缆</td><td>引起短路或断路故障</td><td>老化</td><td>检查更换</td></tr>
</table>

序号	故障部位	故障现象	原因分析	预防措施
8	自动扶梯	非正常停梯	安全开关误动作	检查安全开关是否误动作并恢复调整
			梳齿板异物卡入或梳齿板断齿导致人体伤害事故	梳齿板断齿应及时更换，去除异物并保持清洁
		逆向运转	报闸制动力不足	检查调整报闸制动力、附加制动器（如有）及电气联动装置
9	液压电梯	非正常停梯	油温过高，冷却系统出现故障	增加或检查冷却系统，控制油温

第四节　恒压供水装置

随着社会经济的迅速发展，水对人民生活与工业生产的影响日益加强，人民对供水质量和供水系统可靠性的要求不断提高。把先进的自动化控制技术、通信及网络技术等应用到供水领域，成为对供水系统的新要求。变频恒压供水系统集变频技术、电气技术、现代控制技术于一体。采用该系统进行供水可以提高供水系统的稳定性和可靠性，方便地实现供水系统的集中管理与监控，在提高企业效率以及人民的生活水平、降低能耗等方面具有重要的现实意义。

一、水泵加压供水常见方式

众所周知，水是生产生活中不可缺少的重要组成部分，在节水节能已成为时代特征的现实条件下，市政供水、高层建筑供水、工业生产循环供水等方面技术一直比较落后，自动化程度低。主要表现在用水高峰期，水的供给量常常低于需求量，出现水压降低供不应求的现象，而在用水低峰期，水的供给量常常高于需求量，出现水压升高供过于求的情况，此时将会造成能量的浪费，同时有可能使水管爆破和用水设备损坏。

常见的供水方式有：

1. 恒速泵直接供水系统

水泵从蓄水池中抽水加压直接送往用户，有的甚至连蓄水池也没有，直接从城市公用水网中抽水，严重影响城市公用管网压力的稳定。恒速泵直接供水系统的供水方式是水泵整日不停运转，有的可能在夜间用水低谷时段停止运行。这种系统形式简单、造价最低，但耗电、耗水严重，水压不稳，供水质量极差。

2. 恒速泵加水塔的供水方式

恒速泵加水塔的供水方式是水泵先向水塔供水，再由水塔向用户供水。水塔的合理高度是要求水塔最低水位略高于供水系统所需要的压力。水塔注满后水泵停止，水塔水位低于某一位置时再启动水泵。水泵处于断续工作状态中。这种供水方式，水泵在额定流量、额定扬程的条件下工作，水泵处于高效区。这种方式显然比前一种节电，其节电率与水塔容量，水泵额定流量，用水不均匀系数，水泵的开停时间比、开停频率等均有关。供水压力比较稳定。但这种供水方式基建设备投资最大，占地面积也最大，水压不可调，不能兼顾近期与远期的需要；而且系统水压不能随系统所需流量和系统所需要压力下降而下降，故还存在一些能量损失和二次污染问题。而且在使用过程中，如果该系统水塔的水位监控装置损坏的话，水泵不能进行自动的开、停，这样水泵的开、停将完全由人操作，将会出现能量的严重浪费和供水质量的严重下降。

3. 恒速泵加高位水箱的供水方式

恒速泵加高位水箱的供水方式的原理与水塔是相同的，只是水箱设在建筑物的顶层。高层建筑还可分层设立水箱。占地面积与设备投资都有所减少，但这对建筑物的造价与设计都有影响，同时水箱受建筑物的限制，容积不能过大，所以供水范围较小。一些动物甚至人都可能进入水箱污染水质。水箱的水位监控装置也容易损坏，这样系统地开、停，将完全由人操作，使系统的供水质量下降能耗增加。

4．恒速泵加气压罐供水方式

恒速泵加气压罐的供水方式是利用封闭的气压罐代替高位水箱蓄水，通过监测罐内压力来控制泵的开、停。罐的占地面积与水塔水箱供水方式相比较小，而且可以放在地上，设备的成本比水塔要低得多。而且气压罐是密封的，所以大大地减少了水质因异物进入而被污染的可能性。

5．变频调速供水方式

变频调速供水方式的原理是通过安装在系统中的压力传感器将系统压力信号与设定压力值作比较，再通过控制器调节变频器的输出，无级调节水泵转速。其方式为，首先据用户对水压的要求，给PID 调节器预置一个目标压力值，管道中的实际水压，经压力变送器转换成 4～20 mA 的模拟电流信号反馈给变频器内置的 PID 调节器，PID 调节器根据目标压力值和实际压力值的偏差，给出调节量，自动调节变频器输出频率，调节电机转速，使供水量适应用水量的变化，取得动态平衡，维持系统水压无论流量如何变化始终稳定在一定的范围内，这种供水方式控制系统较为复杂，但节能效果最好，为现在广泛推广应用的技术。

变频调速水泵调速控制方式有三种：水泵出口恒压控制、水泵出口变压控制、给水系统最不利点恒压控制。

（1）水泵出口恒压控制：是将压力传感器安装在水泵出口处，使系统在运行过程中水泵出口水压恒定。这种方式适用于管路的阻力损失在水泵扬程中所占比例较小，整个给水系统的压力可以看作恒定的，但这种控制方式若在供水面积较大的居住区中应用时，由于管路能耗较大，在低峰用水时，最不利点的流出水头高于设计值，故水泵出口恒压控制方式不能达到最佳的节能效果。

（2）水泵出口变压控制：是将压力传感器安装在水泵出口处，但其压力设定值不只是一个。是将每日 24 小时按用水曲线分成若干时段，计算出各个时段所需的水泵出口压力，进行全日变压，各时段恒压控制。这种控制方式其实是水泵出口恒压控制的特殊形式。它比水泵出口恒压控制方式能更节能，但这取决于将全天 24 小时分成的时段数及所需水泵出口压力计算的精确程度。所需水泵出口压力计算得越符合实际情况越节能，将全天分得越细越节能，当然控制的实现也越复杂。

（3）给水系统最不利点恒压控制：是将压力传感器安装在系统最不利点处，使系统在运行过程中保持最不利点的压力恒定。这种方式的节能效果是最佳的，但由于最不利点一般距离水泵较远，压力信号的传输在实际应用中受到诸多限制，因此工程中很少采用。

变频调速的方式在节能效果上明显优于气压罐方式。气压罐方式依靠压力罐中的压缩空气送水，气压罐配套水泵运行时，水泵在额定转速、额定流量的条件下工作。当系统所需水量下降时，供水压力将超出系统所需要的压力从而造成能量的浪费。同时水泵是变频启动，且启动频繁，又会造成一定的能耗。而变频恒压供水在系统用水量下降时可无级调节水泵转速，使供水压力与系统所需水压大致相等，这样就节省了许多电能，同时变频器对水泵采用软启动，启动时冲击电流很小，启动能耗比较小。另外，气压罐要消耗一定的钢量，这也是它的一个较大的缺点。而变频调速供水系统的变频器是一台由微机控制的电气设备，不存在消耗多少钢材的问题。由于气压罐体积大，占地面积一般为几十平方米。而变频调速式中的调速装置占地面积仅为几平方米。由此可见变频调速供水方式比气压罐供水方式将节省大量占地面积。在运行效果上，气压罐方式与调速式相比也存在着一定差距。气压罐方式的运行不稳定，突出表现在它的频繁启动。由于气压罐的调节容量仅占其总容积的 1/3～1/6，因而每个罐的调节能力很小，只得依靠频繁的启动来保证供水，这样将产生较大的噪声，同时由于启动过于频繁，压力不稳，加之硬启动，电气和机械冲击较大，设备损坏很快。变频调速式的运行十分稳定可靠，没有频繁的启动现象，加之启动方式为软启动，设备运行十分平稳，避免了电气、机械的冲击。在小区供水中，由于调速式是经水泵加压后直接送往用户的，防止了水质的二次污染，保证了饮用水水质的可靠。

由此可见，变频调速式供水系统具有节约能源、节省钢材、节省占地、节省投资、调节能力强、运行稳定可靠的优势，具有广阔的应用前景和明显的经济效益与社会效益。

采用变频调速，对供水管网系统的安全性也有一系列的好处：

（1）消除了“水锤效应”，减少了对水泵及管道系统的冲击，可大大延长水泵及管道系统的寿命。

（2）降低水泵平均转速，减小工作过程中的平均转矩，从而减小叶片承受的应力，减小轴承的磨损，使水泵的工作寿命大大延长。

（3）避免了电机和水泵的硬起动，可大大延长联轴器的寿命。

（4）减少了启动电流，也就减少了系统对电网的冲击，提高了系统自身的可靠性。

二、变频恒压供水系统原理

变频恒压供水系统是在变频调速技术的发展之后逐渐发展起来的，主要由变频器、可编程控制器、各种传感器等组成。变频器、PID 调节器、压力变送器、电机、水泵等构成了一个闭环控制系统，可以对供水能力实现有效的自动调节，从而实现恒压供水。

1. 供水系统总体要求

（1）由多台水泵机组实现供水，流量 120 m^3/h，扬程 80 m 左右。

（2）设置一台小泵作为辅助泵，用于小流量时的供水。

（3）供水压力要求恒定，尤其在换泵时，波动要小。

（4）系统能自动可靠运行，为方便检修和应急，应具备手动功能。

（5）各主泵均能可靠地实现软启动。

（6）具有完善的保护和报警功能。

（7）系统要求较高的经济运行性能。

连续型是指一天内很少有流量为零的时候，或本身管网的正常泄漏就保持有一定的流量。

间歇型指一天内有多段用水低谷时间，流量很小或为零。

采用变频调速方式来实现低流量时的恒压供水节能效果比较明显，与通常的工频气压给水设备相比平均节能可达 30%。水泵变频软启动冲击电流小，也有利于电机泵的寿命，此外水泵在低速运行时，噪声小。

采用多台水泵并联供水，根据用水量大小调节投入水泵台数的方案。在全流量范围内靠变频泵的连续调节和工频泵的分级调节相结合，使供水压力始终保持为设定值。多泵并联代替一、二台大泵单独供水不会增加投资，而其好处是多方面的。其一，节能，每台泵都可以较高效率运行，长期运行费用少；其二，供水可靠性好，一台泵故障时，一般并不影响系统供水，小泵的维修更换也方便；其三，小泵启动电流小，不要求增加电源容量；其四，只须按单台泵来配置变频器容量，减少投资。

处于供水低谷小流量或夜间小流量时，为进一步减少功耗，采用一台小流量泵来维持正常的泄漏和水压。

多泵变频循环工作方式的可靠切换，是实现多泵分级调节的关键，可选用编程灵活、可靠性高、抗干扰能力强、调试方便、维护工作量小的 PLC 通过编程来实现。

2. 恒压供水系统的基本组成

供水系统的恒压通过压力变送器、PID 调节器和变频器组成的闭环调节系统控制。根据水压的变化，由变频器调节电机转速来实现恒压。其总体结构如图 3-23 所示。

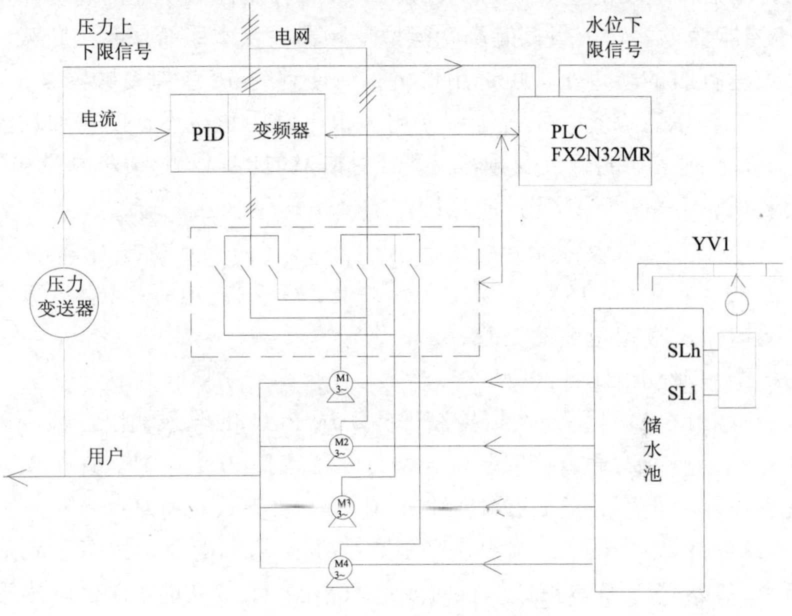

图 3-23　恒压供水系统构成图

（1）系统主要配置的选型：

1）水泵机组的选型：某小区根据系统要求的总流量范围、扬程大小，确定供水系统设计流量和设计供水压力（水泵扬程），考虑到用水量类型为连续型低流量变化型，确定采用 3 台主水泵机组和 1 台辅助泵机组，型号及参数见表 3-5。

表 3-5　水泵型号及参数

用水量/（m^3/h）	扬程/m	水泵型号	电动机功率/kW	配用变频器/kW
36×3	100	65LG50—20×5	22	22
24×1	100	50LG24—20×5	11	11

2）变频器的选型：根据控制功能不同，通用变频器分为三种类

型，包括普通功能型 u/f 控制变频器、具有转矩控制功能的高功能型 u/f 控制变频器、矢量控制高功能型变频器。供水系统属泵类负载，低速运行时的转矩小，可选用价格相对便宜的 u/f 控制变频器。

综合以上因素，系统选用专用风机、泵用负载设计的普通功能型 u/f 控制方式的森兰变频器，型号 BT12S22KWI，变频器内置 PID 控制模块，可用于闭环控制系统，实现恒压供水。

其主要参数及性能介绍如下：

额定容量：30 kVA；额定电压：380V；额定电流：45A；额定过载电流：额定电流的 120%/min。

配用制动电阻：30Ω。

3）PLC 的选型：依据控制任务，从 PLC 的输入输出点数、存储器容量、输入输出接口模块类型方面来选择 PLC 型号。在供水系统中，可以采用三菱 FX2N—32MR。其主要参数及特点：

I/O 点数：16/16；用户程序步数：4K；基本指令：27 条；功能指令：298 条；基本指令执行时间：0.08μs；通信功能：强；输出形式：继电型；输出能力：2A/点。

4）压力变送器及数显仪的选型：选用普通压力表 Y—100 和 XMT—1270 数显仪实现压力的检测、显示和变送。压力表测量范围 0～1 MPa，精度 1.5；数显仪输出一路 4 ~20mA 电流信号，送给变频器作为 PID 调节的反馈电信号，可设定压力上、下限，通过两路继电器控制输出压力超限信号。

5）其余器件型号：其余器件型号见表 3-6。

表 3-6　其余器件型号

元件	型号	参数	备注
自动开关	DW10—200/3	脱扣器 150A	3 个
	DZ4—50/320	脱扣器 50A	1 个
	DZ4—25/320	脱扣器 25A	1 个
接触器	CJ10—60		7 个
熔断器	RM10—100/80		1 个

元件	型号	参数	备注
熔断器	RM10—200/125		4 个
	RM10—600/500		1 个
按钮开关	LA19—11	规格：500 V	14 个
指示灯	XD6	24V，1.2W	4 红，8 绿
中间继电器	DZ—53/220	24V，2.5～5W	14 个
高低水位控制器	EQ		1 个
主令控制器	SA		1 个
热继电器	JR16—60/3D	热元件 32A，45A	1 个 32A，3 个 45A

（2）主控制电路工作原理：三台大容量的主水泵根据供水状态的不同，具有变频、工频两种运行方式，因此每台主水泵均要求通过两个接触器分别与工频电源和变频电源输出相连；辅助泵只运行在工频状态，通过一个接触器接入工频。连线时一定要注意，保证水泵旋向正确，接触器的选择依据电动机制容量来确定。QF1，QF2，QF3，QF4，QF5，QF6 分别为主电路、变频器和各水泵的工频运行空气开关，FR1，FR2，FR3，FR4 为工频运行时的电机过载保护用热继电器，变频运行时由变频器来实现电机过载保护。

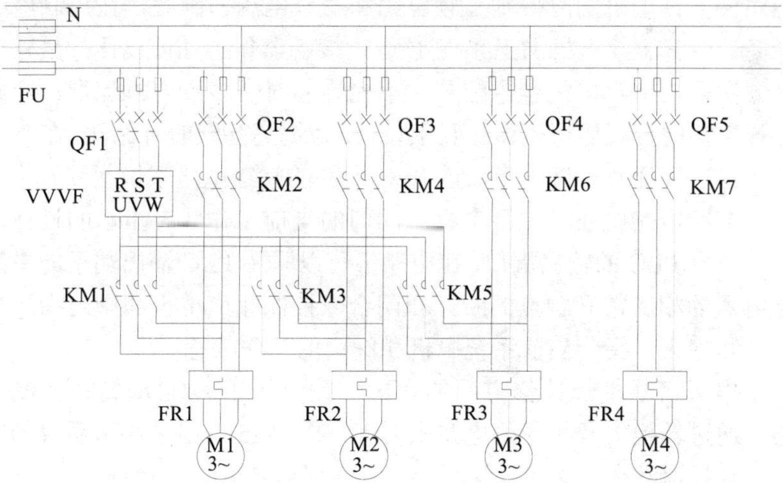

图 3-24　主电路图

变频器的主电路输出端子（U，V，W）经接触器接至三相电动机上，当旋转方向与工频时电机转向不一致时，需要调换输出端子（U，V，W）的相序，否则无法工作。变频器和电动机之间的配线长度应控制在100m以内。在变频器启动、运行和停止操作中，必须用触摸面板的运行和停止键或者是外控端子FWD（REV）来操作，不得以主电路空气开关QF2的通断来进行。为了改善变频器的功率因素，还应在变频器的端子之间需接入相应的DC电抗器。变频器接地端子必须可靠接地，以保证安全，减少噪声。图3-24给出了供水系统电气控制主回路的主要连线关系。

（3）控制电路要求：在控制电路的设计中，必须要考虑弱电和强电之间的隔离问题。为了保护PLC设备，PLC输出端口并不是直接和交流接触器连接，而是在PLC输出端口和交流接触器之间引入中间继电器，通过中间继电器控制接触器线圈的得电/失电，进而控制电机或者阀门的动作。通过隔离，可延长系统的使用寿命，增强系统工作的可靠性。

控制电路之中还要考虑电路之间的互锁关系，这对于变频器安全运行十分重要。变频器的输出端严禁和工频电源相连，也就是说不允许一台电机同时接到工频电源和变频电源。因此，在控制电路中多处对各主泵电机的工频/变频运行接触器作了互锁设计；另外，变频器是按单台电机容量配置，不允许同时带多台电机运行，为此对各电机的变频运行也作了互锁设计。为提高互锁的可靠性，在PLC控制程序设计时，进一步通过PLC内部的软继电器来做互锁。

控制电路中还考虑了电机和阀门的当前工作状态指示的设计，为了节省PLC的输出端口，在电路中可以采用PLC输出端子的中间继电器的相应常开触点的断开和闭合来控制相应电机和阀门指示灯的亮和熄灭，指示当前系统电机和阀门的工作状态。

出于可靠性及检修方面的考虑，设计了手动/自动转换控制电路。通过转换关及相应的电路来实现。图3-25给出了供水系统的部分手动控制线路图。

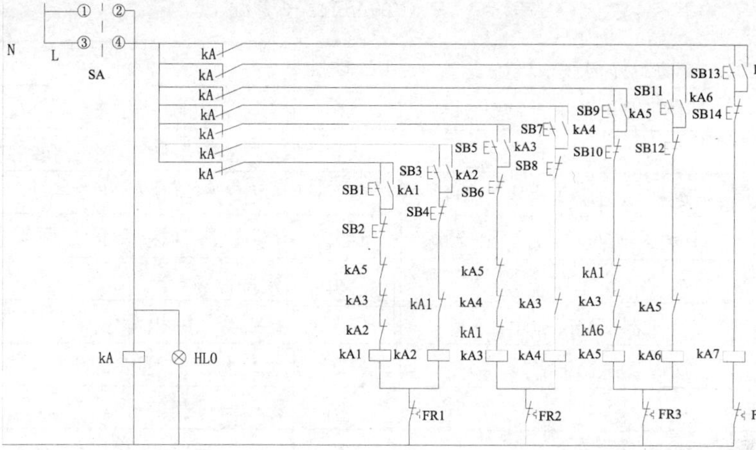

图 3-25　手动控制线路图

图 3-25 中，SA 为手动/自动转换开关，KA 为手动/自动转换用中间继电器，打在①位置为手动状态，打在②位置 KA 吸合，为自动状态。在手动状态，通过按钮 SB1—SB14 控制各台泵的启停。在自动状态时，系统执行 PLC 的控制程序，自动控制泵的启停。

中间继电器 KA 的 7 个常闭触点串接在四台泵的手动控制电路上，控制四台泵的手动运行。中间继电器 KA 的常开触点接 PLC 的 XO，控制自动变频运行程序的执行。在自动状态时，四台泵在 PLC 的控制下能够有序而平稳地切换、运行。

电动机电源的通断，由中间继电器 KA1—KA7 控制接触器 KM1—KM7 的线圈来实现。HLO 为自动运行指示灯。FR1、FR2、FR3、FR4 为四台泵的热继电器的常闭触点，对电机进行过载保护。

（4）PLC 的 I/O 端子分配及接线图：PLC 的 I/O 分配见表 3-7。

表 3-7 PLC 的 I/O 端子分配

现场器件与接线段子		I/O 地址	功能注释
输入	中间继电器 KA 常开触点	X0	自动/手动转换开关
	变频器 Y2 端子	X1	变频器输出频率极限信号
	远传压力表压力上限电接点	X2	压力下限到达信号
	远传压力表压力下限电接点	X3	压力上限到达信号
	水池水位下限信号	X4	水池缺水
	接触器 KM8 常开	X5	变频器故障报警信号
	接触器 KM9 常开	X15	压力上、下限报警信号
	变频器 Y1	X16	变频器过载信号
输出	KA8 线圈	Y0	实现运行/停止控制
	KA1 线圈	Y1	1#变频运行控制及指示
	KA2 线圈	Y2	1#工频运行控制及指示
	KA3 线圈	Y3	2#变频运行控制及指示
	KA4 线圈	Y4	2#工频运行控制及指示
	KA5 线圈	Y5	3#变频运行控制及指示
	KA6 线圈	Y6	3#工频运行控制及指示
	KA7 线圈	Y7	辅助泵工频运行控制及指示
	KA10 线圈	Y10	水池水位下限报警指示
	KA11 线圈	Y11	变频器故障报警指示
	KA12 线圈	Y12	水压上下报警
	KA13 线圈	Y13	自动变频运行指示
	KA14 线圈	Y14	自动工频运行指示
	KA15 线圈	Y15	变频器过载运行指示

依据表 3-7 得 FX2N—32MR 的 I/O 口的输入输出电路图，如图 3-26 所示。

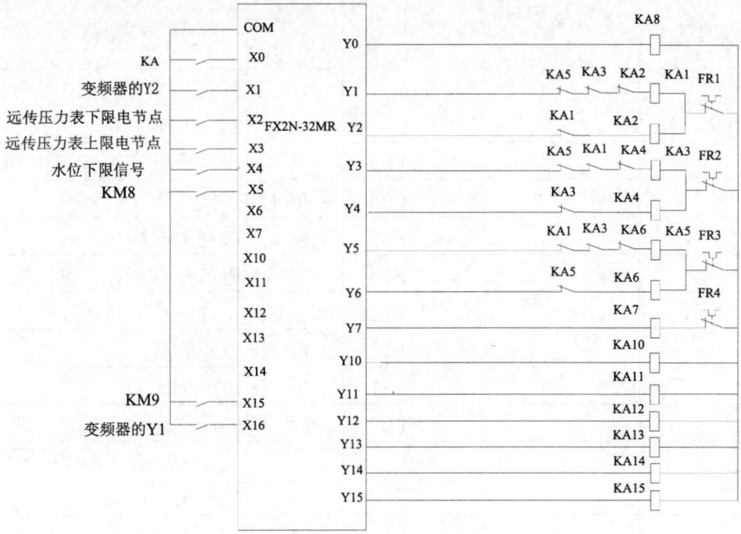

图 3-26　PLC 的接线图

（5）变频器功能设定及接线图：变频器接线及参数设置见表 3-8。

表 3-8　变频器接线及参数设置

变频器端子	现场器件与接线端子	功能代码	参数设定	解释
FWD	KA8 线圈			
Y1	PLC 的 X16	F33	4	输出过载预报信号
Y2	PLC 的 X1	F33	2	输出频率到达信号
CM	PLC 的 COM			
PE	接地端子			
IRF	接压力传感器输入信号			
30A，30B	KM8 线圈			变频器故障总报警信号
30PA，30PB	KM9 线圈			压力上、下限报警信号
		F01	2	频率由外控端子 IRF4～20 mA

变频器端子	现场器件与接线端子	功能代码	参数设定	解释
		F02	1	外控 FWD，REV 控制，STOP 有效
		F03	1	电动机停车方式自由制动
		F04	50.00 Hz	最大频率
		F06	380V	最高输出电压
		F10	2	电子热保护，过载预报动作
		F12	49.5 Hz	上限频率
		F13	20.00 Hz	下限频率
		F21	10.00 Hz	启动频率
		F27	1	转向锁定，正向有效
		F50	3	反馈方式模拟电流 4～20 mA
		F44	4	控制对象是压力

表 3-8 中频率参数设置说明：

①最大频率：水泵属于平方律负载，转矩 $T \propto n^2$，当转速超过其额定转速时，转矩将按平方规律增加，导致电动机严重过载。因此，变频器的最高频率只能与水泵额定频率相等。

②上限频率：由于变频器内部具有转差补偿功能，在 50 Hz 的情况下，水泵在变频运行时的实际转速要高于工频运行时的转速，从而增大了电动机的负载，因此实际预置得略低于额定频率。

③下限频率：在供水系统中，转速过低，会出现水泵的全扬程小于基本扬程（实际扬程），形成水泵“空转”的现象。所以，在多数情况下，下限频率不能太低，可根据实际情况适当调整。

④启动频率：水泵在启动前，其叶轮全部在水中，启动时，存在着一定的阻力，在从 0Hz 开始启动的一段频率内，实际上转不起来。因此，应适当预置启动频率值，使其在启动瞬间有一点冲击力。

3．全自动变频恒压运行方式水泵运行状态及转换过程原理

（1）转换过程：启动自动变频运行方式时，首先启动辅助稳压

泵工频运行供水，当用水量大，超过辅助泵最大供水能力而无法维持管道内水压时，PLC 通过变频器启动 1 号主水泵供水，同时关闭辅助泵的运行。在 1 号主水泵供水过程中，变频器根据水压的变化通过 PID 调节器调整 1 号主水泵的转速来控制流量，维持水压。若用水量继续增加，变频器输出频率达到上限频率时，仍达不到设定压力，由 PLC 给出控制信号，将 1 号主水泵与变频器断开，转为工频恒速运行，同时变频器对 2 号主水泵软启动。系统工作于 1 号工频、2 号变频的两台水泵并联运行的供水状态。若用水量继续增加，两水泵也不能满足水压要求时，将按上述过程继续增开水泵台数，直到满足水压要求。整个加泵过程中，总是保证原来处于变频运行状态的水泵转入工频恒速运行，新开泵软启动并开始运行在变频状态，保证只有一台水泵运行在变频状态。

当用水量减少时，变频器通过 PID 调节器降低水泵转速来维持水压。若变频器输出频率达到下限频率时，水压仍过高，按“先起先停”的原则，由 PLC 给出控制信号，将当前供水状态中最先工作在工频方式的水泵关闭，同时 PID 调节器将根据新的水压偏差自动升高变频器输出频率，加大供水量，维持水压。当用水量持续减少，系统继续按“先起先停”原则逐台关闭处于工频运行的水泵。

当系统处于单台主水泵变频供水状态时，若用水量减少，变频器输出频率达到下限频率时，水压仍过高，则须关闭变频器运行，启动辅助泵维持供水。

（2）供水状态及其转换关系：供水状态是指在供水时投入运行的水泵台数及运行状况（工频或变频）。为保证在一个较长的时间周期内，各台水泵运行时间基本均等，避免某台电机长期得不到运行而出现锈死现象，供水状态的切换按照“有效状态循环法”即“先启先停”的原则操作。

若有 N 台水泵参与变频调速，则满足“先启先停”原则的最大有效状态数为“N^2+1”。将来的供水状态就在这些有效状态范围内来回循环。

（3）状态转换条件：供水状态之间的转换条件是依据变频器输

出频率是否到达极限频率及水压是否达到上、下限值。设变频器输出频率达到极限频率时的信号为 X1，水压达到设定压力下限值时的欠压信号为 X2，水压达到设定压力上限值时的超压信号为 X3。

从辅助泵切换到主泵条件：满足 X2。

从主泵切换到辅助泵条件：同时满足 X1、X3。

增泵条件：同时满足 X1、X2。

减泵条件：同时满足 X1、X3。

（4）状态转换过程的实现方法：从辅助泵切换到主泵只需断开辅助泵的供电，同时用变频器以起始频率启动一台主泵的运行即可；从主泵切换到辅助泵只需将主泵和变频器的输出断开，同时将辅助泵直接投入工频运行即可。

减泵过程是在满足减泵条件的前提下，通过 PLC 控制，断开工频运行状态电机的接触器主触点即可。

增泵过程的实现相对复杂一些，首先要将运行在变频状态的电机和变频器脱离后，再切换到电网运行，同时变频器又要以起始频率启动一台新的电机运行。切换过程主要考虑三方面的问题：

第一，切换过程的可靠性。绝不允许出现变频器的输出端和工频电源相连的情况，这一点通过控制电路、PLC 内部软继电器的互锁及 PLC 控制程序中动作的时间先后次序来保证。

其次，切换过程的完成时间。时间太长，原变频运行的电机转速下降太多，一方面造成水压下降大，另一方面在接下来切换到工频时冲击电流大，时间太短，切换过程的可靠性下降。具体时间还需根据电动机的容量大小来设定，容量越大时间越长，一般情况下 500 ms 足够。

再次，切换过程的电流变频器输出电压相位和电网电压相位一般不同，当电机从变频器断开后，转子电流磁场在定于绕组中的感应电压与电网电压往往也存在相位差。此时，如果切换到工频电网的瞬间二者刚好反相，则将产生比直接启动时的启动电流更大的冲击电流，反过来对变频器造成冲击。

三、PLC 程序简介

PLC 是由继电器接触器控制系统发展而来的一种新型的工业自动化控制装置。采用了面向控制过程、面向问题、简单直观的 PLC 编程语言，易于学习和掌握。尽管国内外不同厂家采用的编程语言不尽相同，但程序的表达方式基本类似，主要有四种形式：梯形图、指令表、状态转移图和高级语言。

（1）梯形图编程语言是一种图形化编程语言，它沿用了传统的继电接触器控制中的触点、线圈、串并联等术语和图形符号，与传统的继电器控制原理电路图非常相似，但又加入了许多功能强而又使用灵活的指令，它比较直观、形象，对于那些熟悉继电器——接触器控制系统的人来说，易被接受。继电器梯形图多半适用于比较简单的控制功能的编程。绝大多数 PLC 用户都首选使用梯形图编程。

（2）指令是用英文名称的缩写字母来表达 PLC 的各种功能的助记符号，类似于计算机汇编语言。由指令构成的能够完成控制任务的指令组合就是指令表，每一条指令一般由指令助记符和作用器件编号组成。比较抽象，通常都先用其他方式表达，然后再改写成相应的语句表。编程设备简单价廉。

（3）状态转移图语言（SFC）类似于计算机常用的程序框图，但有它自己的规则，描述控制过程比较详细具体，包括每一框前的输入信号，框内的判断和工作内容，框后的输出状态。这种方式容易构思，是一种常用的程序表达方式。

（4）高级语言类似于 BACIC 语言、C 语言等，通常在某些厂家的 PLC 中应用。

1．梯形图语言编程的一般规则

通常微小型 PLC 主要采用继电器梯形图编程，其编程的一般规则有：

（1）梯形图按自上而下、从左到右的顺序排列。每一个逻辑行起始于左母线，然后是触点的各种连接，最后是线圈或线圈与右母线相连，整个图形呈阶梯形。梯形图所使用的元件编号地址必须在所使用 PLC 的有效范围内。

（2）梯形图是 PLC 形象化的编程方式，其左右两侧母线并不接任何电源，因而图中各支路也没有真实的电流流过。但为了读图方便，常用“有电流”、“得电”等来形象地描述用户程序解算中满足输出线圈的动作条件，它仅仅是概念上虚拟的“电流”，而且认为它只能由左向右单方向流，层次的改变也只能自上而下。

（3）梯形图中的继电器实质上是变量存储器中的位触发器，相应某位触发器为“1”态，表示该继电器线圈通电，其动合触点闭合，动断触点打开，反之为“0”态。梯形图中继电器的线圈又是广义的，除了输出继电器、内部继电器线圈外，还包括定时器、计数器、移位寄存器、状态器等的线圈以及各种比较、运算的结果。

（4）梯形图中信息流程从左到右，继电器线圈应与右母线直接相连，线圈的右边不能有触点，而左边必须有触点。

（5）继电器线圈在一个程序中不能重复使用；而继电器的触点，编程中可以重复使用，且使用次数不受限制。

（6）PLC 在解算用户逻辑时，是按照梯形图由上而下、从左到右的先后顺序逐步进行的，即按扫描方式顺序执行程序，不存在几条并列支路同时动作，这在设计梯形图时，可以减少许多有约束关系的连锁电路，从而使电路设计大大简化。所以，由梯形图编写指令程序时，应遵循自上而下、从左到右的顺序，梯形图中的每个符号对应于一条指令，一条指令为一个步序。

2. PLC 程序开发平台

不同公司的 PLC 采取的开发平台不同，例如，如果设计采用 MITSUBISHI 公司提供的 Windows 环境下的编程软件 MELSOFT 系列 GX Developer 来开发，先用状态转移图（SFC）来描述供水状态的转换过程和转换条件，再用步进顺控指令（STL）转换为步进梯形图，通过检查、编译后，用专用编程电缆下载到 PLC 程序存储器中。期间还需要一个调试过程。

3．程序扫描工作方式的原理

当 PLC 运行时，用户程序中有众多的操作需要去执行，但 CPU 是不能同时去执行多个操作的，它只能按分时操作原理每一时刻执行一个操作。这种分时操作的过程称为 CPU 对程序的扫描。扫描从 0000 号存储地址所存放的第一条用户程序开始，在无中断或跳转控制的情况下，按存储地址号递增顺序逐条扫描用户程序，也就是顺序逐条执行用户程序，直到程序结束。每扫描完一次程序就构成一个扫描周期，然后再从头开始扫描，并周而复始。

顺序扫描的工作方式简单直观，它简化了程序的设计，并为 PLC 的可靠运行提供了非常有用的保证。一方面，扫描到的指令被执行后，其结果马上就可以被将要扫描到的指令所利用。另一方面，还可以通过 CPU 设置的定时器来监视每次扫描是否超过规定的时间，从而避免了由于 CPU 内部故障使程序执行进入死循环而造成故障的影响。

PLC 的工作过程就是程序执行过程。它分为三个阶段进行，即输入采样阶段、程序执行阶段、输出刷新阶段。

（1）输入采样阶段：在开始执行程序之前，PLC 以扫描方式按顺序将所有输入端的输入信号状态（开或关、“1”或“0”）读入到输入映像寄存器中寄存起来，这个过程称为对输入信号的采样，或称输入刷新。在程序执行期间，所需输入信息取自输入映像寄存器的内容。在本工作周期内，即使输入状态变化，输入映像寄存器的内容也不会改变。输入状态的变化只能在下一个工作周期的输入采样阶段才被重新读入。

（2）程序执行阶段：在程序执行阶段，PLC 对程序按顺序进行扫描。每扫描到一条指令时，所需要的输入状态或其他元素的状态分别由输入映像寄存器和元素映像寄存器中读出，然后将执行结果写入到元素映像寄存器中。也就是说，对于每个元素来说，元素映像寄存器中寄存的内容，会随程序执行的进程而变化。但这个结果在全部程序未被执行完毕之前不会送到端子上。

（3）输出刷新阶段：当程序执行完后，进入输出刷新阶段。此时，将元素映像寄存器中所有输出继电器的状态转存到输出锁存电路，再去驱动用户输出设备（负载），这才是 PLC 的实际输出。

PLC 重复地执行上述三个阶段，每重复一次的时间就是一个工作周期（或扫描周期）。工作周期的长短与程序的长短（即组成程序的语句多少）、指令的种类和 CPU 执行的速度有很大关系。一般说来，一个扫描过程中，执行指令的时间占了绝大部分。

PLC 在每次扫描中，对输入信号采样一次，对输出刷新一次。这就保证了 PLC 在执行程序阶段，输入映像寄存器和输出锁存电路的内容或数据保持不变。

4. 供水系统控制程序要求

供水系统根据需要实现的主要功能有自动变频恒压运行、自动工频运行、远程手动控制和现场手控制等。全自动变频恒压运行方式是系统中最主要的运行方式，也是系统的主要功能，是指利用 PLC 控制，结合 PID 调节功能，通过变频调速实现自动恒压供水，其核心是根据恒压条件下供水系统中水泵运行状态及转换过程设计的 PLC 控制程序；自动工频运行是指在变频器故障状态时，为维持压力的相对恒定，系统根据水压大小自动调节工频运行电机台数，维持供水，这种运行方式只是在特殊情况下的一种备用供水方案，提高了系统可靠性的冗余度；现场手动控制运行是指通过现场按钮来人工控制电机工频、变频运行，这一方式完全通过电气控制线路设计来实现，PLC 不参与，主要用于检修、调试及 PLC 故障时的运行。

PLC 控制程序设计的主要任务是接收各种外部开关量信号的输入，判断当前的供水状态，输出信号去控制继电器、接触器、信号灯等电器的动作，进而调整水泵的运行，并给出相应指示或报警。主要由欠水位模块、压力上下限处理模块、自动工频运行模块、辅助泵/主泵运行转换模块、增加主泵的状态转换模块和减少主泵的状态转换模块。

（1）辅助泵/主泵运行转换模块：主泵转辅助泵运行是指在单台

主泵供水时，变频器输出下限频率，水压处于压力上限时，关闭变频器运行，启动辅助泵的过程。即由状态 S20（或 S21，S22）转入 S0 的过程。PLC 置输出继电器 Y1（或 Y3，Y5）为 0，同时置 Y7=1。

辅助泵转主泵运行是指由辅助泵供水，水压达到压力下限时，关闭辅助泵，用变频器启动一台主泵运行的过程。即由状态 S0 转入 S20（或 S21，S22）的过程。具体启动哪一台主泵，进入哪一种状态，要依据其上一个状态，按有效状态循环法的原则来操作。在编程时，以辅助继电器 M13、M14、M15 作为 S20、S21、S22 状态的转入标志，三者按循环方式动作，保证 S20、S21、S22 状态的循环。

（2）增加主泵的状态转换模块：增加主泵是将当前主泵由变频转工频，同时变频启动一台新水泵的切换过程。当变频器输出上限频率，水压达到压力下限时，PLC 给出控制信号，PLC 的 Y0 失电，变频器的 FWD 端子对 CM 短接，变频器的自由制动停车，切断变频器输出，延时 500 ms 后，将主水泵与变频器断开，延时 300 ms（防止变频器输出对工频短路），将其转为工频恒速运行，再延时 200～300 ms PLC 的 Y0 得电，变频器以起始频率启动一台新的主水泵。这段程序设计时要充分考虑动作的先后关系及互锁保护。

（3）减少主泵的状态转换模块：减少主泵是指在多台主泵供水时，变频器输出下限频率，水压处于压力上限时，按“先起先停”原则，将当前运行状态中最先进入工频运行的水泵从电网断开。

（4）故障处理模块：对水位过低、水压上下限报警、变频器故障等故障给出报警，并做出相应的故障处理。

1）欠水位故障：进入 P0 处理模块，停止全部的电机运行，防止水泵空转。当欠水位信号解除后，延时一段时间，自动执行以下程序。

2）压力上下限报警：输出报警信号，报警信号 30s 内未解除，则进入 P0 处理模块，停止全部的电机运行。信号解除则自动运行以下程序。

3）变频器故障：变频器出现故障时，对应 PLC 输入继电器 X5

动作，系统自动转入自动工频运行模块。此时变频器退出运行，三台主泵电机均工作于工频状态。该方式下的水泵的投入和切除顺序和自动变频恒压运行方式时的大致相同，只是原来运行在变频状态下的电机改为了工频运行。由于没有了变频器的调速和 PID 调节，水压无法恒定。为防止出现停开一台水泵水压不足而增开一台水泵又超压造成系统的频繁切换，通过增加延时的方法来解决。设定延时时间为 20 min。

四、使用变频恒压供水应注意的问题

系统中采用的工控设备变频器和 PLC 均具有抗干扰能力强、可靠性好的特点。但作为一个完整的系统，应用于工业现场，还是有必要考虑加强抗干扰措施，保证运行的稳定性。

（1）变频器和 PLC 应安装于专门的控制柜中，但一定要保证良好的通风环境和散热，PLC 四周留有 50 mm 以上的净空间。环境温度最好控制在 45℃以下，相对湿度为 5%～90%，尽量不要安装在多尘、有油烟、有导电灰尘、有腐蚀性气体、振动、热源或潮湿的地方。

（2）控制柜和水泵现场距离不要太远，尤其是远传压力表至变频器的 4～20 mA 电流信号和至 PLC 的压力上、下限开关量信号的传输电缆要尽可能短，而且要尽量远离那些会产生电磁干扰的装置。

（3）外围设备信号线、控制信号线和动力线应分开敷设，不能扎在一起，且应采用屏蔽线且屏蔽层接地。

（4）变频器和 PLC 均要可靠接地。接地电阻应小于 100Ω，接地线须尽可能短和粗，并且应连接于专用接地极或公用接地极上，不要使用变频器、PLC 外壳或侧板上的螺钉作为接地端。而且二者在接地时，应尽量分开，不要使用同一接地线。

（5）电动机在低速运行时，电机冷却效果下降，应保证电动机具有良好的通风条件。

（6）在电气设计和软件设计中，充分考虑电气设备之间的互锁关系。

（7）选用性能可靠的继电器、接触器对于系统的可靠运行也具有十分重要的意义。

（8）要考虑防雷设计，如电源是架空进线，在进线处装设变频器专用避雷器，或按规范要求在离变频器 20 m 远处预埋钢管做专用接地保护。如果电源是电缆引入，则应做好控制室的防雷系统，以防雷电窜入破坏设备。

（9）系统设计时还考虑了故障问题。当出现变频器故障、水位过低和水压报警等现象时，系统地进行显示报警，并做出相应的处理。

第四章　新型接口操作方法

第一节　信息接口制作方法要求

一、RJ—45 水晶头制作

RJ—45 水晶头由金属片和塑料构成，制作网线所需要的 RJ—45 水晶接头前端有 8 个凹槽，简称“8P”（Position，位置）。凹槽内的金属触点共有 8 个，简称“8C”（Contact，触点），因此业界对此有“8P、8C”的别称。特别需要注意的是 RJ—45 水晶头引脚序号，当金属片面对我们的时候从左至右引脚序号是 1～8，序号对于网络连线非常重要。

双绞线的最大传输距离为 100m。如果要加大传输距离，在两段双绞线之间可安装中继器，最多可安装 4 个中继器。如安装 4 个中继器连接 5 个网段，则最大传输距离可达 500m。

（1）EIA/TIA 的布线标准中规定了两种双绞线的线序 568A 和 568B。

表 4-1　标准 568A

绿白——1	绿——2	橙白——3	蓝——4
蓝白——5	橙——6	棕白——7	棕——8

表 4-2　标准 568B

橙白——1	橙——2	绿白——3	蓝——4
蓝白——5	绿——6	棕白——7	棕——8

为了保持最佳的兼容性，普遍采用 EIA/TIA568B 来制作网线。

（2）制作步骤：

步骤 1：利用斜口错剪下所需要的双绞线长度，至少 0.6 m，最多不超过 100 m。然后再利用双绞线剥线器（实际用任何工具剪都可以）将双绞线的外皮除去 2～3 cm。有一些双绞线电缆上含有一条柔软的尼龙绳，如果在剥除双绞线的外皮时，觉得裸露出的部分太短，而不利于制作 RJ—45 接头时，可以紧握双绞线外皮，再捏住尼龙线往外皮的下方剥开，这样就可以得到较长的裸露线，如图 4-1 所示。

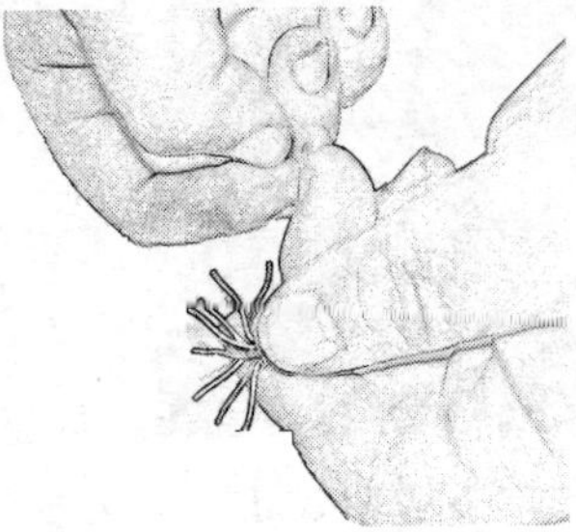

图 4-1　步骤 1

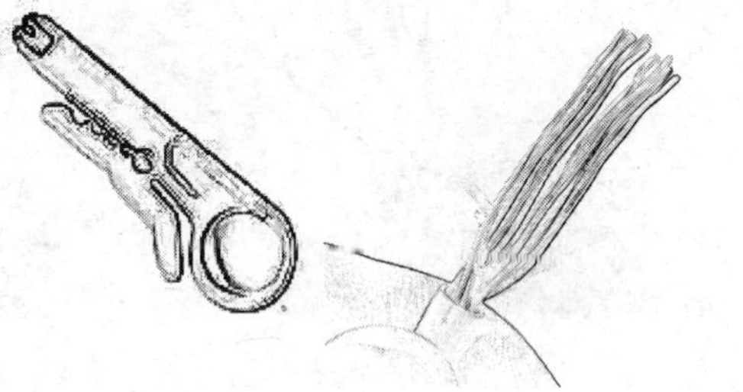

图 4-2　步骤 2

步骤 2：剥线完成后的双绞线电缆如图 4-2 所示。

步骤 3：接下来就要进行剥线的操作。将裸露的双绞线中的橙色对线拨向自己的前方，棕色对线拨向自己的方向，绿色对线拨向左方，蓝色对线拨向右方，如图 4-3 所示。上：橙、左：绿、下：棕、右：蓝。

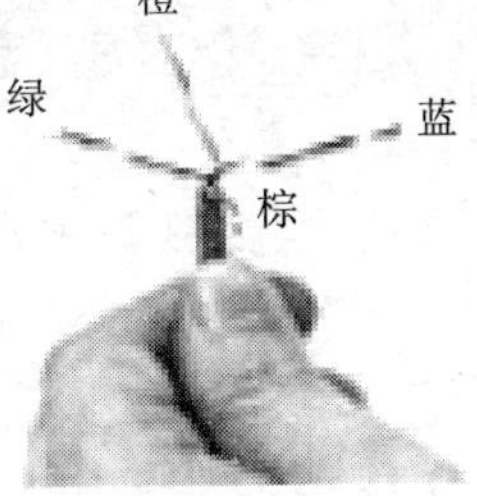

图 4-3　步骤 3

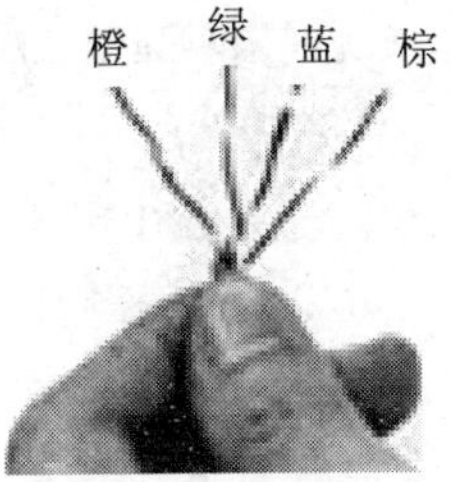

图 4-4　步骤 4

步骤 4：将绿色对线与蓝色对线放在中间位置，而橙色对线与棕色对线保持不动，即放在靠外的位置。如图 4-4 所示。调整线序为顺序：左一：橙、左二：蓝、左三：绿、左四：棕。

步骤 5：小心地剥开每一对线，白色混线朝前。遵循 EIA/TIA 568B 的标准来制作接头，所以线对颜色是有一定顺序的，如图 4-5（a）所示。

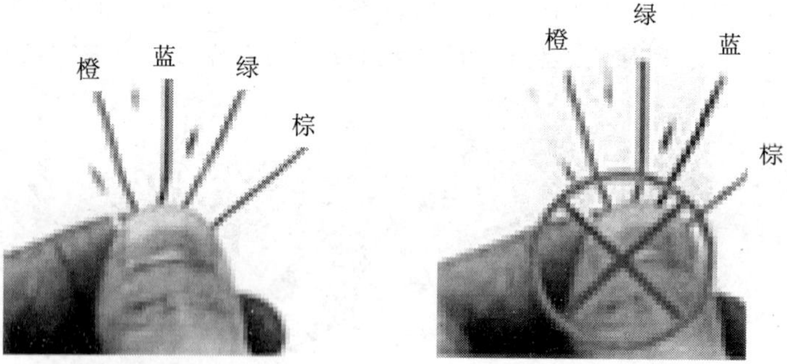

（a）正确顺序　　（b）错误顺序

图 4-5　步骤 5

需要特别注意的是，绿色条线应该跨越蓝色对线。这里最容易犯错的地方就是将白绿线与绿线相邻放在一起，这样会造成串扰，使传输效率降低。左起：白橙、橙、白绿、蓝、白蓝、绿、白棕、棕，常见的错误接法是将绿色线放到第 4 只脚的位置，如图 4-5（b）所示。

应该将绿色线放在第 6 只脚的位置才是正确的，因为在 100BaseT 网络中，第 3 只脚与第 6 只脚是同一对的，所以需要使用同一对线。（见标准 EIA/TIA 568B）左起：白橙、橙白绿、蓝、白蓝、绿、白棕、棕。

步骤 6：将裸露出的双绞线用剪刀或斜口钳剪下只剩约 14 mm 的长度，之所以留下这个长度是为了符合 EIA/TIA 的标准，可以参考有关用 RJ—45 接头和双绞线制作标准的介绍。最后再将双绞线的每一根线依序放入 RJ—45 接头的引脚内，第一只引脚内应该放白橙色的线，其余类推，如图 4-6 所示。

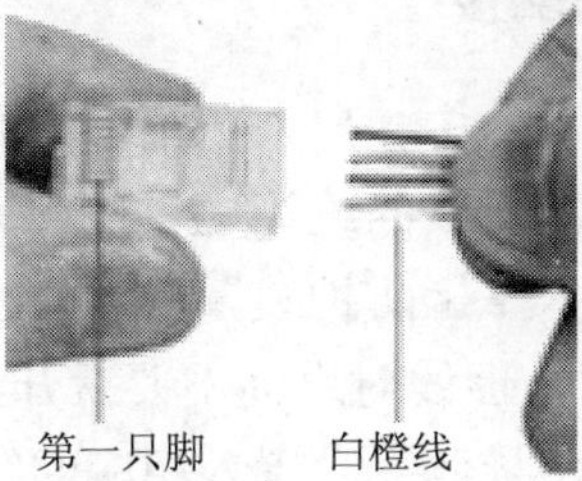

图 4-6　步骤 6

步骤 7：确定双绞线的每根线已经正确放置之后，就可以用 RJ—45 压线钳压接 RJ—45 接头，如图 4-7（a）所示；市面上还有一种 RJ—45 接头的保护套，如图 4-7（b）所示，可以防止接头在拉扯时造成接触不良。使用这种保护套时，需要在压接 RJ—45 接头之前就将这种胶套插在双绞线电缆上。

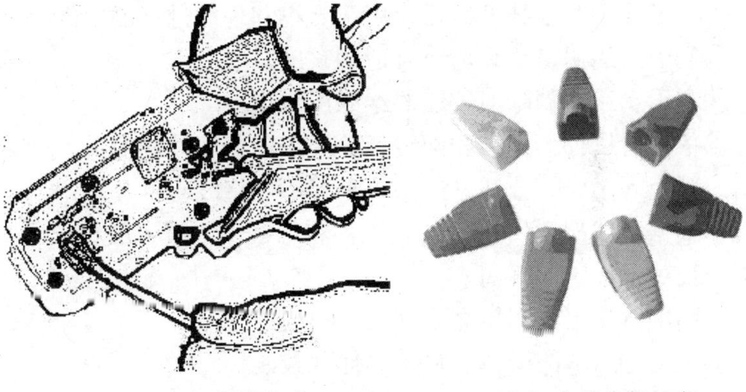

（a）压接方式　　（b）水晶头保护套

图 4-7　步骤 7

二、信息模块的端接

①双绞线从布线底盒中拉出，剪至合适的长度。

②用剥线钳剥除双绞线的绝缘层包皮。

③将信息模块置入掌上防护装置中。

④分开 4 个线对，但线对之间不要拆开，按照信息模块上所指示的线序，稍稍用力将导线一一置入相应的线槽内。

⑤将打线工具的刀口对准信息模块上的线槽和导线，垂直向下用力，听到“喀”的一声，模块外多余的线被剪断。重复该操作，将 8 条导线一一打入相应颜色的线槽中。如果多余的线不能被剪断，可调节打线工具上的旋钮，调整冲击压力。

⑥将塑料防尘片沿缺口穿入双绞线，并固定于信息模块上。

⑦双手压紧防尘片，模块端接完成。

三、配线架的端接

①在配线架上安装理线器，用于支撑和理顺过多的电缆。

②利用压线钳将线缆剪至合适的长度。

③利用剥线钳剥除双绞线的绝缘层包皮。

④依据所执行的标准和配线架的类型，将双绞线的 4 对线按照正确的颜色顺序一一分开。注意，千万不要将线对拆开。

⑤根据配线架上所指示的颜色，将导线一一置入线槽。最后，将 4 个线对全部置入线槽。

⑥利用打线工具端接配线架与双绞线。

⑦重复②至⑥的操作，端接其他双绞线。

⑧将线缆理顺，并利用尼龙扎带将双绞线与理线器固定在一起。

⑨利用尖嘴钳整理扎带。配线架端接完成。

四、光纤端接与交连技术

ST 连接器互联的步骤:

①清洁 ST 连接器。拿下 ST 连接器头上的黑色保护帽，用蘸有

酒精的医用棉花轻轻擦拭连接器头。

②清洁耦合器。摘下耦合器两端的红色保护帽，用蘸有酒精杆状清洁器穿过耦合孔擦拭耦合器内部以除去其中的碎片，如图 4-8 所示。

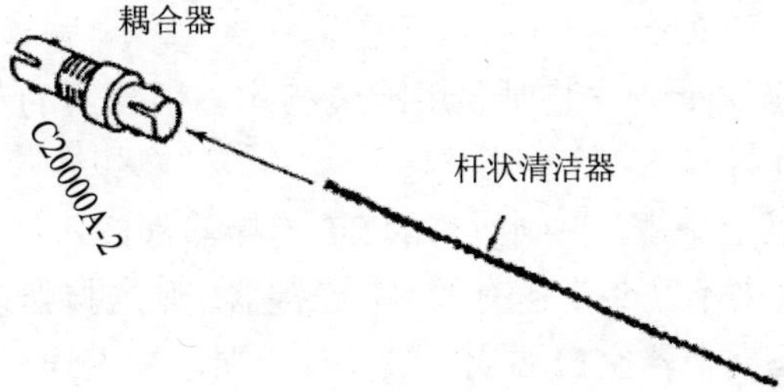

图 4-8　清洁耦合器

③使用罐装气，吹去耦合器内部的灰尘，如图 4-9 所示。

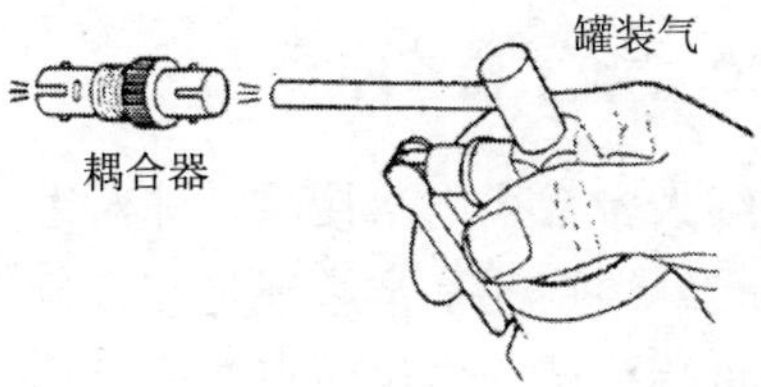

图 4-9　清洁耦合器内部

④将 ST 连接器插到一个耦合器中。将连接器的头插入耦合器一端，耦合器上的突起对准连接器槽口，插入后扭转连接器以使锁定，如经测试发现光能量损耗较高，则需摘下连接器并用罐装气重新净化耦合器，然后再插入 ST 连接器。在耦合器端插入 ST 连接器，要确保两个连接器的端面与耦合器中的端面接触上，如图 4-10 所示。

图 4-10　ST 连接器与耦合器连接

注意：每次重新安装时要用罐装气吹去耦合器的灰尘，并用蘸有酒精的棉花擦净 ST 连接器。

⑤重复以上步骤，直到所有的 ST 连接器都插入耦合器为止。应注意，若一次来不及装上所有的 ST 连接器，则连接器头上要盖上黑色保护帽，而耦合器空白端或一端（有一端已插上连接器头的情况）要盖上保护帽。

第二节　光纤熔接机的操作

一、光纤自动熔接机工作原理

光纤的固定接续大多数采用熔接法，即对准光纤轴心后加热光纤端面使其熔接。光纤熔接的基本原理是使被接光纤的端头对准后用局部加热方式，将端头部分熔化而焊接成一体。光纤熔接机的电源由市电将交流转换成直流 12V 或者用蓄电池直流 12V 供电，当电源接通后电极产生高压电弧放电，这时的温度高达 2 000℃，对于熔点达 1 800℃左右的石英光纤的熔接，一般认为气体放电加热最适合石英光纤的熔接，目前光纤熔接机都采用这种方式加热。为了减少在接续处出现缝隙和气泡，在正式熔接前采取余加热对光纤端面进行整形，为了校正因熔接致使纤芯包层的变形，在正式熔接后采取加热整形，如图 4-11 所示。

图 4-11　光纤自动熔接机

图 4-12 展示出了熔接机熔接的全过程，以及熔接过程中接续损耗的变化与时间的关系。

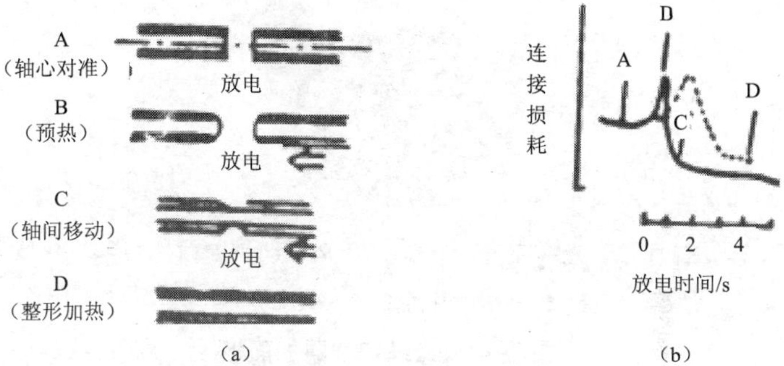

图 4-12　熔接机熔接

图 4-12 中 A 是对纤时的轴心错位损耗，菲涅尔反射损耗端面不完整产生的损耗；B 是预热阶段熔融端面形成曲面、损耗急增；C 表示光纤接触后进一步推进，损耗减少的过程；D 是在整形加热时，纤芯包层的变形部分被校正，损耗慢慢降低。图中虚线显示当预热时间、推进量、整形加热时间、熔接电流等条件不合适时，出现的连接损耗增加的情况。准确掌握最佳熔接条件是保证减小单模光纤接头损耗的关键，对于自动熔接机而言，熔接过程中的各个动作都是由熔接机自动调整完成。

二、仪器与用具

1. 现有熔接机品牌

国外品牌有住友，古河，藤仓，日新光纤熔接机，爱立信，康宁（与西门子合并）等。对设备的基本要求为设计最小、最轻、最快、最方便、性价比最高等。

2. 光纤切割器的使用

（1）光纤切割器的面板，如图 4-13 所示。

1—压板；2—光纤支架；3—主体；4—切割刀口；5—盖子；
6—切削刃衬垫；7—滑动架

图 4-13 光纤切割器的面板

（2）光纤切割器的操作步骤：

①将制备好的光纤放入光纤支架的 V 形槽内，裸纤对准 12 mm 刻度；

②左手拿住光纤，右手先放下压板，再放下盖子；

③右手推动滑动架，光纤即被切断；

④左手扶住切割器，先将盖子打开，左手拿住光纤，再将压板打开；

⑤左手取出光纤，右手用镊子将切割掉的裸光纤从切割器中清除。

注意：

①打开熔接机前要首先检查输入交流或直流电压。适当的电压是：AC85～265V 或 DC10～15V。使用此范围以外的电压会引起人身伤害和机器损伤。

②在熔接之前避免熔接机接触沙粒或灰尘。要用酒精棉清洁 V 形槽，用专用的棉签清洁电极、升/降镜头，否则会损伤和降低性能。

③要根据光纤切割长度设置光纤在压板中的位置，并正确地放入防风罩中。如果不能正确地设置光纤，机器就不能达到最优结果。

④放电时电极会产生一个很高的电压，不要触摸电极，确保机器上没有水或其他液体。

⑤在加热器使用过程中或使用过程后，不要接触陶瓷加热器和热缩管，高温会引起人身伤害。

三、熔接步骤

1. 光纤端面的制备

在熔接前，必须首先做合格的端面。这些操作包括剥除涂覆层、清洁和切割。光纤端面制作的好坏将直接影响接续质量。

①将热缩管穿过光纤。当熔接后使用热缩管保护光纤接头时，必须在熔接前（光纤端面制备前）预先将热缩管穿进光纤。如果在光纤端面制备好之后再穿热缩管，就会弄脏光纤，将直接影响熔接效果。

②剥去涂覆层。用专用的剥线工具——米勒钳剥去涂覆层。

③清洁光纤。用蘸有酒精的清洁麻布或棉花在裸纤上一个方向擦拭几次。

④切割光纤。使用光纤切割器切割光纤，对 0.25 mm（外涂层）光纤，切割长度为 8～16 mm，对 0.9 mm（外涂层）光纤，切割长度只能是 16 mm。

注意：不要触摸裸纤，由于裸纤很容易损伤，所以要非常细心地操作。

2．将制备好的光纤放入熔接机上的 V 形槽内

步骤如下：

（1）打开防风罩。

（2）将光纤放进 V 形槽，盖上压板。其方法是：

①打开左右两侧光纤压板，光纤夹具将随压板自动抬起。如图 4-14 所示。

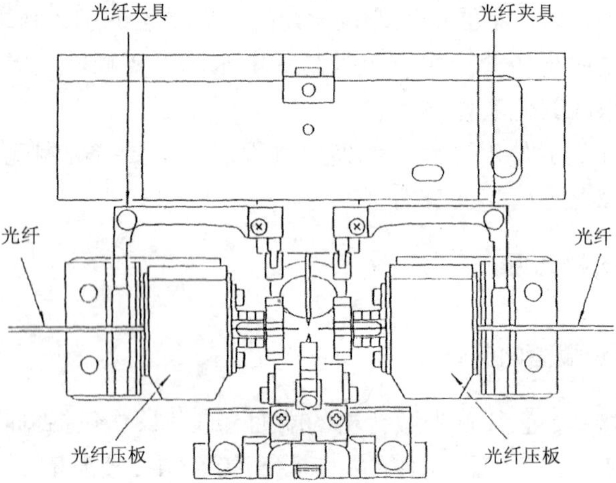

图 4-14

②参照图 4-15 或防风罩里的标记，将光纤末端放在适当位置。放置光纤时，注意不要将已切割好的光纤端面碰触 V 形槽表面或其他物体表面（如升降镜），否则会损坏光纤端面。

③确认光纤接触到 V 形槽底部，握住光纤不动，同时盖上光纤压板。如果光纤没有接触到 V 形槽底部，请重放光纤。

注意：当光纤弯曲时，通过转动光纤，使弯曲部分朝下，很容易将弯曲的光纤放在 V 形槽底部。如果光纤放置位置不正确，就不能达到最佳熔接效果。

④照上面步骤放置另一条光纤。

⑤轻轻将左右两侧光纤具盖上。盖上防风罩。

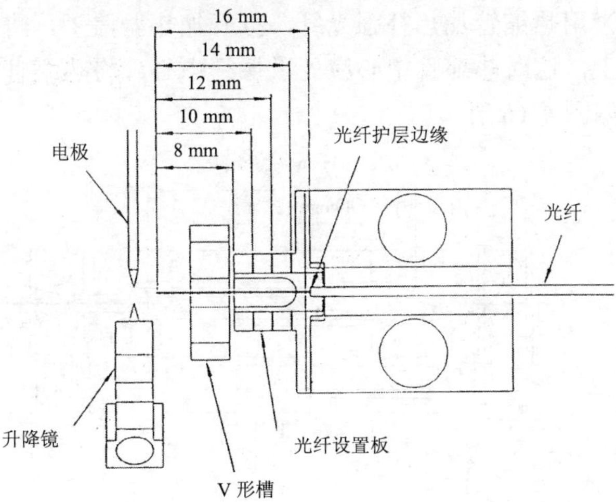

图 4-15

3．自动熔接过程

步骤如下：

（1）确认“待机”信息：在屏幕上检查并确认“待机”字样。如果没有“待机”字样，按下“MENU”或“RESET”键。

（2）按下“SET”键，同时观察屏幕，这时熔接机将进入自动熔接过程，在熔接过程中将出现两种状态：

①熔接机提示不能熔接的情况，根据提示重新操作。

②熔接机开始初始间隙设置、预放电、初始间隙设置、检查切割角度并显示在屏幕上、自动纤芯/包层对准、放电熔接、损耗估算，这时在屏幕上显示“结束”信息和计算的损耗数值。

（3）如果屏幕上显示的损耗值比可接受值高，使用再放电功能有可能减少衰耗，即按下“ARC”键进行再放电，熔接机再一次产生电弧放电，熔接完后，新的估算值显示在屏幕上。

（4）熔接机数据存储，打开防风罩，熔接机自动存储熔接数据，同时发出“滴”的一声。

（5）用热缩管加热补强光纤，打开加热器盖子，将热缩管移到熔接点上，这时热缩管中心应处于裸纤中心，将热缩管加强棒转到下方，如图 4-16 所示。

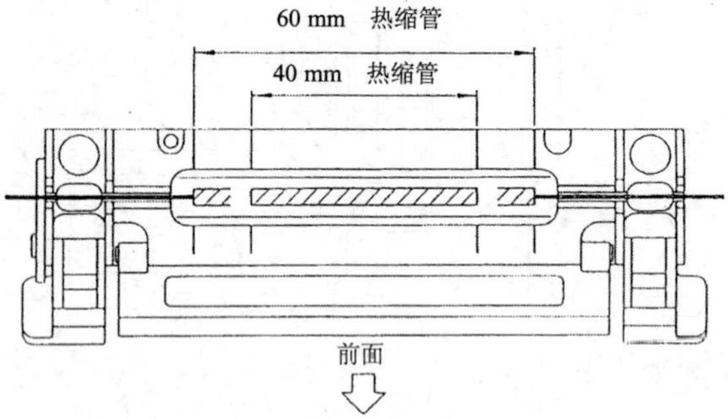

图 4-16

在放置热缩管时左右手同时用力拉直光纤，首先将光纤左边放在加热器左边的夹子中，左边的夹具会自动关闭，如图 4-17 所示。松开左边光纤，用右手向右保持微弱拉力的同时，再用左手合上右边的夹具（加热器盖）。确保光纤夹在加热器中是直的。按下“HEAT”键，发光二极管点亮，大概 2 min 后，熔接机停止加热，然后通过内部风扇作用开始冷却过程，在冷却过程中指示灯闪烁。加热过程完全结束时，指示灯熄灭同时发出“滴”的一声。

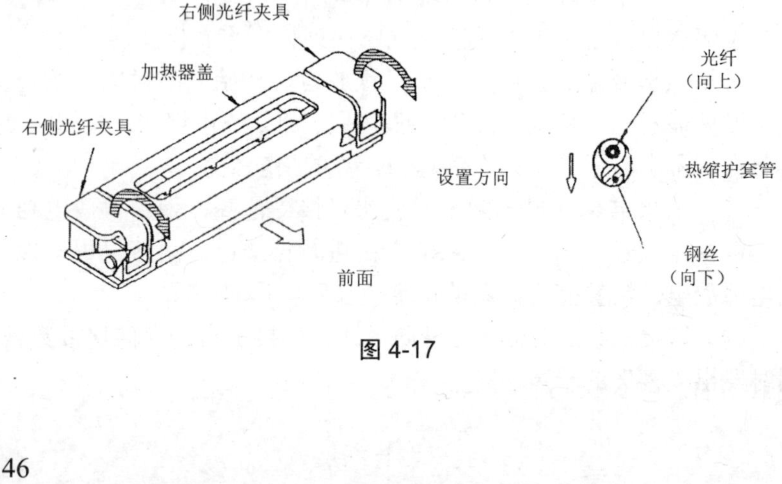

图 4-17

（6）从加热器中取出补强光纤。取光纤时，因为温度太高，不要触摸热缩管和陶瓷加热器。为继续冷却陶瓷加热器，内部风扇在一个加热周期结束后，继续运行 12 s。尽管如此，如果风扇还在运行，仍可开始下一加热过程。

第三节　消防报警系统的安装与调试

一、消防报警系统概述

消防报警系统的基本职责：控制中心对探测回路进行巡测，当某一探测区域内着火，该处的探测器采集到现场信号，并立即把信号发回控制中心的控制器，控制器对此信号进行判断，若确认着火，控制器则向火灾现场发出声光报警信号和火灾应急广播。此外很重要的是必须有效地通过联动控制器向需要联动的消防设备发出执行信号，并切断非消防电源，消灭初期火灾。在本系统平台中，充分考虑到消防报警系统与 IBMS 系统的集成，增加了 VCN 网关，把火灾报警主机连接到 LonWorks 网络，使用户可以在整个系统的 IBMS 软件中监控到消防设备状态，及时发现险情，并采取有效措施。

二、消防报警系统的组成

1．控制中心

根据规范要求控制中心为双电源供电，以确保供电可靠。控制中心内主要设备为火灾报警主机、多线消防联动控制器、总线消防联动控制器、消防电话总机、火灾广播设备、消防联动电源、自备电源等。

从原理上讲，无论是区域报警主机还是集中报警主机，都是遵循一样的工作模式，即收集探测源信号→输入单元→自动监控单元→输出单元。报警主机从职能上分为输入单元即探测系统和输出单元即控制系统两大部分。火灾报警主机的输入单元，是通过信号线与探测回路联络的，它不停地对建筑物里每一个探测区域进行巡测，读取现场信息，并进行数据分析，判断是否有火灾发生。从工作原理上讲，火灾报警主机的自动报警是模拟量传输式分布智能系统，其主机智能与探测器智能两者相结合，又称为全智能系统。所谓全智能系统也就是在整个系统中，不仅控制器具有分析能力，探测器也具有一定的分析能力，它先经过自己的分析后，再把这些信息发给控制器。控制器收到探测回路发来的信息后，再作进一步的分析、处理，完成更复杂的判断并显示出来。由于各探测器使用环境不同，使用一段时间后所受到的污染不同，不可避免地会产生误报的因素。为减少甚至避免上述情况影响，配合智能探测器，控制器运用了模糊控制的相关技术，实现了自动测试功能，也就是控制器并没有一个固定的报警预设阈值，系统能对探测器回路送来的火灾探测参数进行分析运算，自动去除环境影响，同时控制器还具有存储火灾参数变化规律曲线的功能，并与现场采集的火灾探测参数比较，来确定是否报警。

根据工程的建筑平面，各层的探测点数、联动点数，火灾自动报警控制系统共给出 14 个探测信号回路，其中附楼 3 个、主楼 11 个。每个回路使用容量控制在 80%～85%，这样有两个好处，对于控制器运行会较稳定，对于建筑物内的格局在二次装修发生变化时可能导致探测点数增加时，整个系统的变动不大。

2．基于 LonWorks 技术的消防报警 VCN 网关

VCN 网关可以实现 RS232 数据到 LonWorks 网络的转发，从而使消防报警系统集成到 IBMS 系统中，实现与视频监控系统、安全防范系统的联动。

3．探测回路

探测回路包括探测器、手动报警按钮、消火栓按钮、水流指示器、压力开关等，例如智能型感烟探测器，它是点型光电式减光型探测器，它与以往的开关和模拟量探测器不同。以往的探测器仅仅根据探测器探测的参数是否达到某一阈值来确定是否报警，起触发器件的作用，而这种智能型感烟探测器是基于新型单片机而出现的

一种新型智能型探测器。此探测器内置单片机，具有现场参数采集能力，不再起触发器件的作用，而是产生一个与火灾现象成正比的测量值，提供给控制器分析火情、判别，从而降低误率；同时具有自诊功能，可以根据应用场合不同随时修改探测器的报警灵敏度觉阈值；另外，光电式探测器内没有放射元素的存在，因此杜绝了探险测放射泄漏，对人体的伤害及环境的污染，所以是一种环保型产品。

手动报警按钮在火灾报警系统中是探测器的补充。主要用作当火灾自动报警系统失灵时，采用人工手动报警方式向消防控制室报火警。

某火灾报警平台主要部件见表4-3。

表4-3　某火灾报警平台主要部件

设备名称	型号	编号
智能光电感烟探测器	JTY-GD-G3	A
智能电子温感探测器	JTW-ZCD-G3N	B
探测器通用底座	DZ-02	
编码手动报警按钮	J-SAP-8401	C/D
编码单输入模块	LD-8300	G/H
编码单输入/单输出模块	LD-8301	I/J/K
编码火警声光讯响器	HX-100B	F
火灾报警控制器（联动型）	JB-QB-GST200	Q
火灾显示盘	ZF-500	E
电子编码器	BMQ-2	
DC24V 指示灯		O/P
DC24V 风扇		N
自锁按钮		L/M
继电器		

4．消防联动控制系统

消防联动控制系统就是前面提到的控制中心输出单元，是它向消防设备、非消防设备发出控制信号的，是在对火灾确认后的处理单元。消防联动控制系统的职能决定了它的工作可靠性是相当重要的，直接关系到消防工作灭火工作的成败。消防报警联动设备网络如图 4-18 所示。

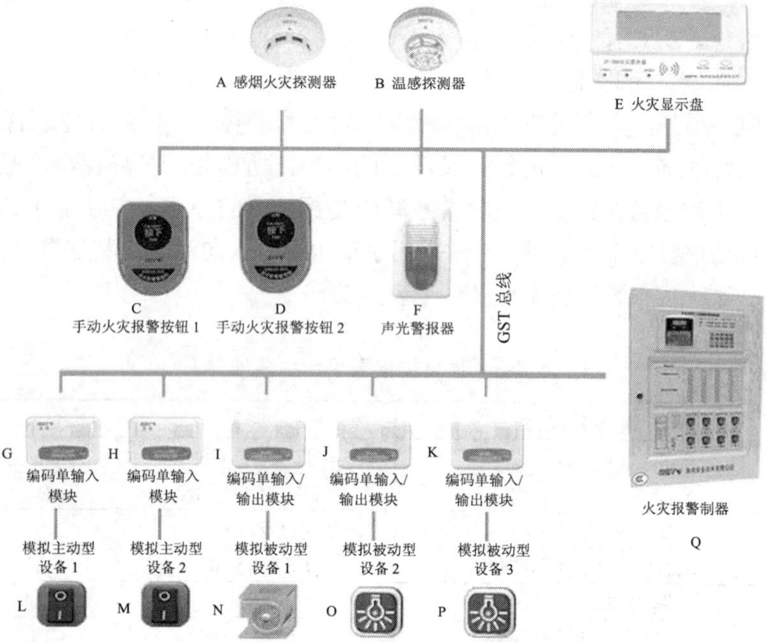

图 4-18　消防报警联动设备网络

三、设备调试

1. 电子编码器的使用（图 4-19）

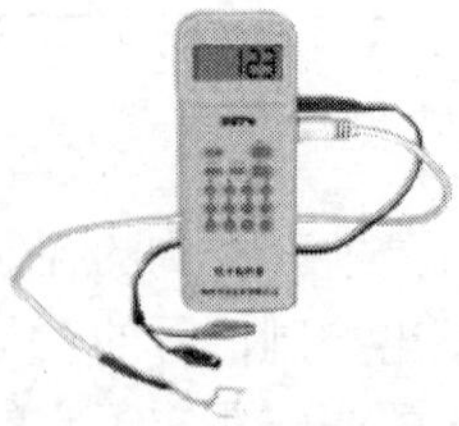

图 4-19　电子编码器

GST-BMQ-2 型电子编码器（以下简称编码器）可对电子编码的探测器或模块进行地址号、年号、批次号、灵敏度类型号的读出和写入，对数字化总线从设备实现灵敏度级别设备类型逻辑地址的写入和年号、批次号、序列号、设备类型灵敏度级别的读出，还可以实现对火灾显示盘地址灯的总数及每个灯所对应的二次码的编写与读出。该编码器采用手握式结构外形小巧，携带方便，操作简单，可对多种编码型产品进行编码，显示方式为四位段码式液晶显示，显示直观，具有低功耗睡眠和自动关机功能，并具备电池欠压指示功能，如图 4-20 所示。

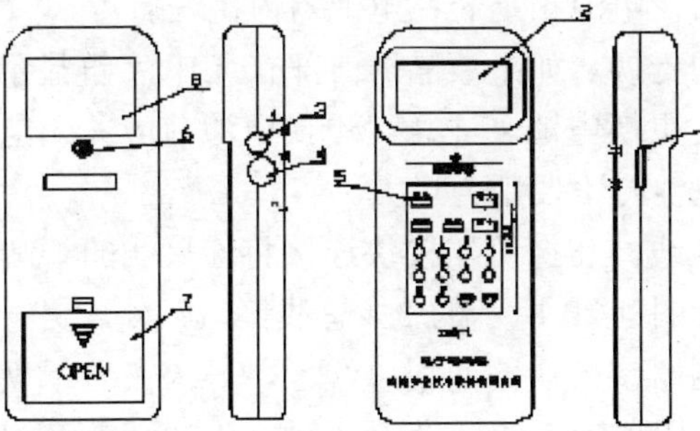

1—电源开关；2—液晶屏；3—总线插口；4—火灾显示盘接口（I^2C）；
5—复位键；6—固定螺丝；7—电池盒盖；8—铭牌

图 4-20　GST-BMQ-2 型电子编码器

（1）具体使用要求：

电源：1 节 9V 叠式电池　　工作电流：8 mA

待机电流：100μA　　使用温度：－10～50℃

（2）其中各部分名称和功能说明如下：

①电源开关：完成系统硬件开机和关机操作。

②液晶屏：显示有关探测器的一切信息和操作人员输入的相关信息并且当电源欠压时给出指示。

③总线插口：编码器通过总线插口与探测器或模块相连。

④火灾显示盘接口（I^2C）：编码器通过此接口与火灾显示盘相

连进行各灯的二次码的编写。

⑤复位键：当编码器由于长时间不使用而自动关机后按下复位键可以使系统重新上电并进入工作状态。

⑥固定螺丝：将编码器的印制板固定好并且将编码器的前盖和后盖安装在一起。

⑦电池盒盖内部放置电池。

⑧铭牌贴于编码器背面。

（3）使用及操作：

①电池的初次安装。按照电池盒盖上所标方向打开电池盒后盖将电池正确扣在电池扣上装在电池盒内盖好后盖。

②电池的更换。如果液晶屏前部有 LB 字符显示表明电池已经欠压，应及时更换电池。注意：更换电池前应关闭电源开关，从电池扣上拔下电池时不要用力过大。

③系统连线。与探测器模块连接将连接线的一端插在编码器的总线插口内如图 4-20 所示的 3（总线接口）处，另一端的两个夹子分别夹在探测器或模块的两根总线上，与火灾显示盘连接将鼠标插头一端插在编码器的 I^2C 插座内，如图 4-20 所示的 4（火灾显示盘接口）处。另一端的连接器头插在火灾显示盘的连接器座上。

④开机与自动关机的复位。将电源开关拨到开的位置，此时在液晶屏上显示 H001 表明工作正常。当编码器由于长时间不用，自动关机后按下复位键，可以使系统重新上电并恢复正常工作状态。

⑤应用方法。编码器可对探测器的地址码设备类型灵敏度进行设定，也可对模块的地址码设备类型输入设定参数等信息进行设定，将编码器与探测器模块总线相连，开机后可对编码器做如下操作实现：

a. 读码：按下“读码”键液晶屏上将显示探测器或模块的已有地址编码，按“增大”键将依次显示脉宽、年号、批次号、灵敏度、探测器类型号、按“清除”键后回到待机状态；如果读码失败屏幕上将显示错误信息 E，按“清除”键清除。

b．地址码的写入：在待机状态输入探测器或模块的地址编码，按下“编码”键应显示一个符号 P 表明编码完成，按“清除”键回到待机状态。

2. 智能光电感烟探测器的安装和使用

JTY-GD-G3 点型光电感烟火灾探测器（以下简称探测器）是采用红外散射原理研制而成的点型光电感烟火灾探测器，如图 4-21 所示。

图 4-21 智能光电感烟探测器图

（1）工作原理：探测器采用红外线散射原理探测火灾，在无烟状态下，只接收很弱的红外光，当有烟尘进入时，由于散射作用，使接收光信号增强，当烟尘达到一定浓度时，可输出报警信号。为减少干扰及降低功耗，发射电路采用脉冲方式工作，可提高发射管的使用寿命。

（2）特点：

①地址编码可由电子编码器事先写入，也可由控制器直接更改，工程调试简便可靠。

②单片机实时采样处理数据，并能保存 14 个历史数据，曲线显示跟踪现场情况。

③具有温度、湿度漂移补偿，灰尘积累程度及故障探测功能。

④无极性二总线信号。

（3）使用环境要求：

①工作电压：信号总线电压：总线 24V　允许范围：16～28V

②工作电流：监视电流≤0.6 mA，报警电流≤1.8 mA

③指示灯：报警确认灯红色（巡检时闪烁，报警时常亮）

④编码方式：电子编码（编码范围为 1～242）

⑤保护面积：当空间高度为 6～12 m 时，一个探测器的保护面积，对一般保护场所而言为 80 m^2。空间高度为 6 m 以下时，保护面

积为 60 m^2。具体参数应以《火灾自动报警系统设计规范》（GB 50116 — 1998）为准

⑥线制：信号二总线无极性

⑦使用环境：

温度：－10～55℃

相对湿度≤95%，不凝露

⑧外形尺寸：直径 100 mm　高 56 mm（含底座）

⑨外壳防护等级：IP23

⑩壳体材料和颜色：ABS，象牙白

⑪重量：约 120g

⑫安装孔距：45～75 mm

⑬执行标准：GB 4715—2005

（4）安装：

警告：安装探测器之前，请切断回路的电源并确认全部底座已安装牢靠。

探测器的安装如图 4-22 所示。

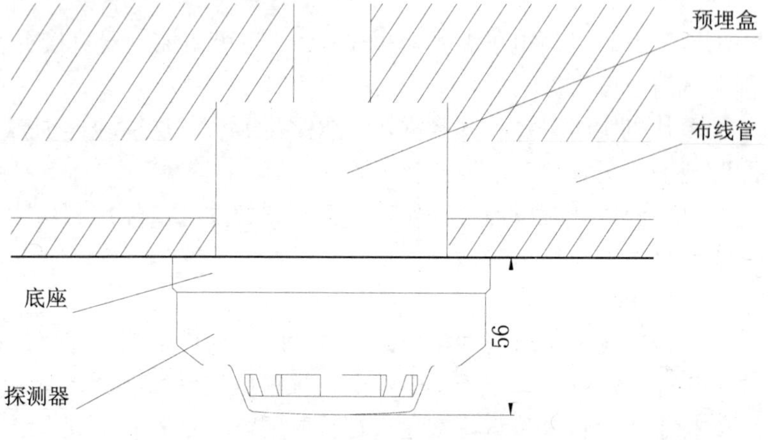

图 4-22　智能光电感烟探测器安装

探测器的底座示意图如图 4-23 所示。底座上有 4 个导体片，片

上带接线端子，底座上不设定位卡，便于调整探测器报警确认灯的方向。布线管内的探测器总线分别接在任意对角的两个接线端子上（不分极性），另一对导体片用来辅助固定探测器。

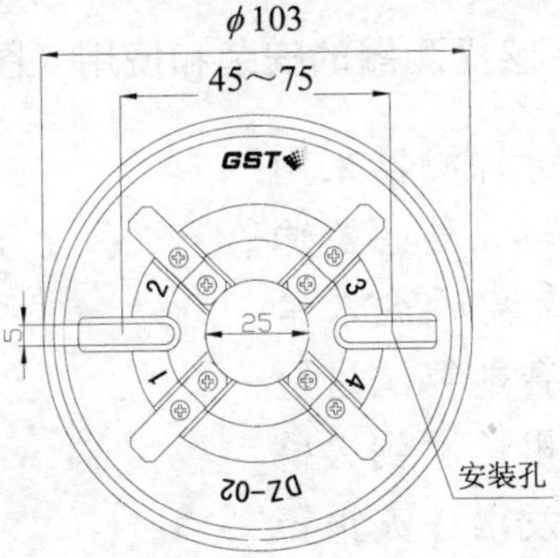

图 4-23　智能光电感烟探测器安装外形示意

待底座安装牢固后，将探测器底部对正底座顺时针旋转，即可将探测器安装在底座上。

布线方式：探测器二总线宜选用截面积≥1.0 mm^2 的 RVS 双绞线，穿金属管或阻燃管敷设。

（5）测试和使用：

警告：请待全部探测器都安装完毕后再接通电源。

使用前应对报警按钮进行编码操作。可利用 GST-BMQ-2 型电子编码器（具有支持数字化总线通信功能）进行现场编码，编码时将电子编码器与探测器的总线端子 Z1、Z2 连接，输入“编码号”后，按“编码”键即完成编码工作。如编码器显示“P”，则编码成功，反之为错误。

按照消防报警接线图接线后，先在火灾控制器对探测器进行注册，探测器处于正常工作状态。

探测器安装结束后或每次定期维护保养后必须进行测试。

测试内容：

a. 注册：确认安装与布线正确之后，通过连接的控制器进行在线设备注册，核对已安装的探测器数量与控制器注册到的探测器数量是否一致。

b. 模拟火警：注册测试后，任选一探测器，人为使它满足火警条件，验证探测器是否正常报火警。

3. 智能电子温感探测器的安装和使用（图 4-24）

（1）工作原理：探测器采用热敏电阻作为传感器，传感器输出信号经过电压变换后输入单片机，单片机利用智能算法进行信号处理。当单片机检测到火警信号后，向控制器发出火灾报警信息，并通过控制器点亮火警指示灯。

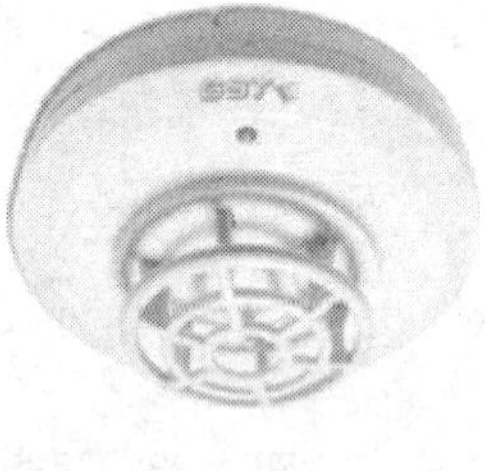

图 4-24 智能电子温感探测器图

（2）特点：

①与控制器采用无极性二总线连接。

②地址编码由电子编码器直接写入，工程调试简便可靠。

③单片机实时采样处理数据，并能保存 14 个历史数据，曲线显示跟踪现场情况。

（3）技术指标：

①探测器类别：A1R

②工作电压：总线 24V，允许范围：16～28V

③工作电流：监视电流≤0.6 mA，报警电流≤1.8 mA

④报警确认灯：红色（巡检时闪烁，报警时常亮）

⑤编码方式：十进制电子编码，编码范围在 1～242

⑥探测角度≤45°

⑦保护面积：当空间高度小于 8 m 时，一个探测器的保护面积，对一般保护现场而言为 20～30 m^2。具体参数应以《火灾自动报警系统设计规范》（GB 50116—1998）为准

⑧使用环境：

温度：－10～50℃

相对湿度≤95%，不凝露

⑨外形尺寸：直径 100 mm　高：58 mm（带底座）

⑩外壳防护等级：IP33

⑪壳体材料和颜色：ABS，象牙白

⑫重量：约 115 g

⑬安装孔距：45～75 mm

⑭执行标准：GB 4716—2005

（4）安装：探测器的底座示意如图 4-25 所示。底座上有 4 个导体片，片上带接线端子，底座上不设定位卡，便于调整探测器报警确认灯的方向。布线管内的探测器总线分别接在任意对角的两个接线端子上（不分极性），另一对导体片用来辅助固定探测器。

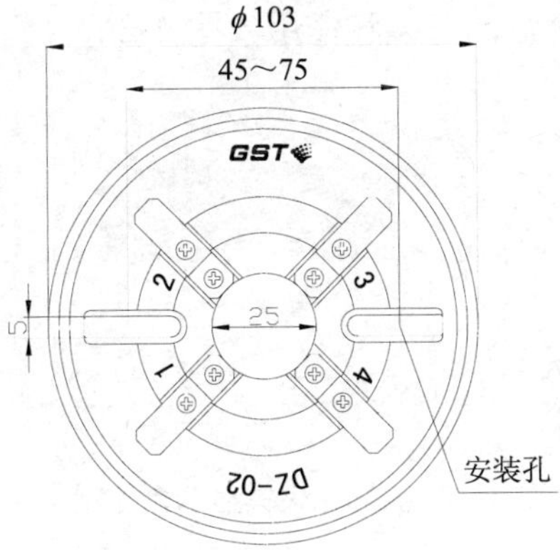

图 4-25　探测器通用底座外形示意

待底座安装牢固后，将探测器底部对正底座顺时针旋转，即可将探测器安装在底座上。

布线方式：探测器二总线宜选用截面积≥1.0 mm^2 的 RVS 双绞线，穿金属管或阻燃管敷设。

（5）测试和使用：使用前应对报警按钮进行编码操作。可利用 GST-BMQ-2 型电子编码器（具有支持数字化总线通信功能）进行现场编码，编码时将电子编码器与探测器的总线端子 Z1、Z2 连接，输入“编码号”后，按“编码”键即完成编码工作。如编码器显示“P”，则编码成功，反之为错误。

按照消防报警接线图接线后，先在火灾控制器对探测器进行注册，探测器处于正常工作状态。

探测器安装结束后或每次定期维护保养后必须进行测试。

测试内容：

a．注册：确认安装与布线正确之后，通过连接的控制器进行在线设备注册，核对已安装的探测器数量与控制器注册到的探测器数量是否一致。

b．模拟火警：注册测试后，任选一探测器，人为使它满足火警条件，验证探测器是否正常报火警。

4．火灾显示盘的安装和使用（图 4-26）

图 4-26　火灾显示盘外观

（1）概述：ZF-500 火灾显示盘是用单片机设计开发的汉字式火灾显示盘，用来显示已报火警的探测器位置编号及其汉字信息并同时发出声光报警信号。它通过通信总线与 GST200、GST500 及 GST5000 等火灾报警控制器相连，处理并显示控制器传送过来的数据。当用一台报警控制器同时监控数个楼层或防火分区时，可在每个楼层或防火分区设置火灾显示盘以取代区域报警控制器。

（2）特点：ZF—500 火灾显示盘通过 RS—485 总线与火灾报警控制器相连，每路 RS—485 总线最多可配接 64 台火灾显示盘。火灾显示盘只能显示火警信息，不能显示故障、动作等其他信息。可通过火灾报警控制器对火灾显示盘的显示区域进行设定，设定后的火灾显示盘只能显示本区域的火警信息。

（3）技术特性：

①工作电压：标准 DC24V，可在 DC16.8～27.6V 工作

②显示容量：最多不超过 126 条火警信息

③显示范围：每屏显示 2 条火警信息，第一条为首警信息，第二条为最新火警信息；按调显键时，第一条为首警信息，第二条为调显火警信息

④线制：与火灾报警控制器采用有极性二总线连接，另需两根 DC24V 电源供电线，不分极性

⑤执行标准：GB 17429—1998

（4）结构特征及工作原理。

ZF—500 火灾显示盘面板如图 4-27 所示。

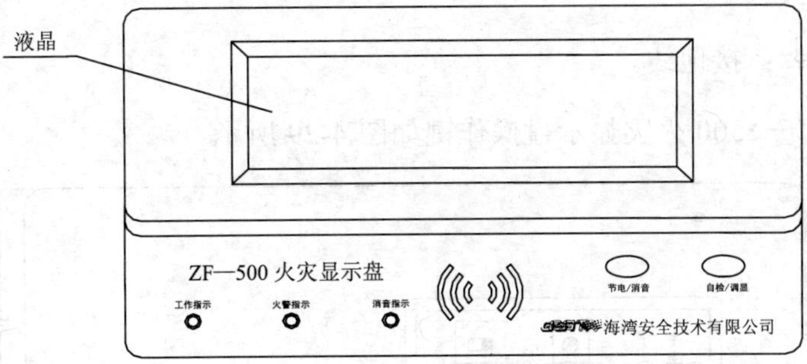

图 4-27　ZF—500 火灾显示盘

①“节电/消音”键：在监控状态下，此键功能为“节电”；在报警状态下，此键功能为“消音”。

②“自检/调显”键：在监控状态下，此键功能为“自检”；在报警状态下，此键功能为“调显”。

ZF—500 火灾显示盘对外接线如图 4-28 所示。

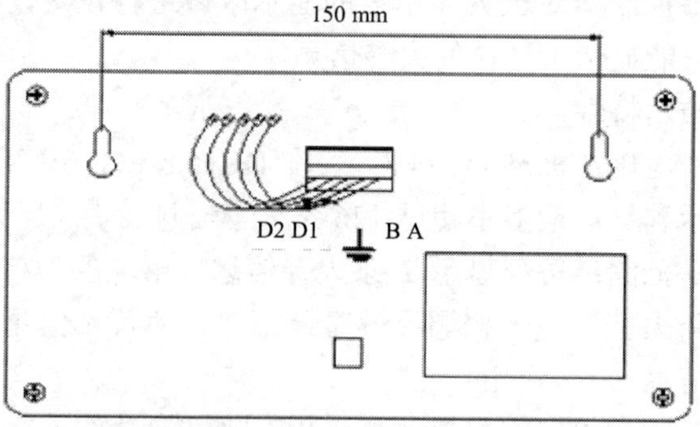

图 4-28　ZF—500 火灾显示盘对外接线

其中：

A、B：与火灾报警控制器连接的通信总线；

D1、D2：DC24V 供电线，不分极性。

⏚：接地线。

ZF—500 火灾显示盘操作键如图 4-29 所示。

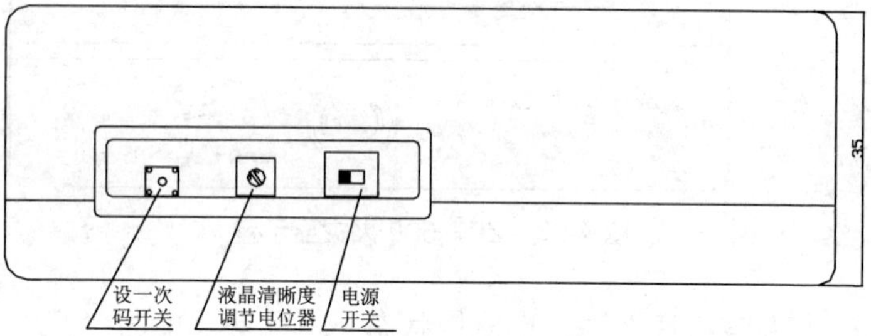

图 4-29　ZF—500 火灾显示盘操作键

将火灾显示盘顶部的机壳盖打开，可对设一次码开关、液晶清晰度调节电位器以及电源开关进行操作。

本火灾显示盘采用 51 系列单片机，通过 RS—485 驱动芯片与控制器通信。单片机驱动液晶屏显示相应信息，并驱动相应的声光指示。

（5）使用方法。

①一次码设置。根据工程需要可通过微动开关对系统进行设置，设置方法：把开关键拨到“on”的一端，机器重启时（在一次码闪动时）马上按住设一次码开关，液晶显示的火灾显示盘X号的X会逐次增大，松开设一次码开关，火灾显示盘X号就会停住，此时显示的X为一次码。

注意：

a. 火灾显示盘一次码的范围是 1～64，当火灾显示盘号增大到64后，则返回到1。

b. 当一次码是两位数时，液晶屏显示的是两位数，当一次码是一位数时，为了保持显示一致，液晶屏显示的是一位数前加“0”。

②各功能键的使用。在监控状态下，按下“自检/调显”键，火灾显示盘自动对各种显示器件进行检查；在火警状态下，当火警数多于2个时，按下“自检/调显”键，可按报警顺序点查询报警情况。

在监控状态下，按下“节电/消音”键，火灾显示盘进入非节电方式状态。启动默认为节电方式；在火警状态下，按下“节电/消音”键，可消除报警声音，再按此键报警声恢复。当火灾显示盘在“消音”状态下再次接收到报警时，报警声自动恢复。

③配接火灾报警控制器。火灾显示盘的工作方式是通过在控制器上定义其对应二次码实现的。二次码前两位为本机所属层号，取值为 0～99；第三位为楼号，取值为 0～9；第四位为工作方式控制位，取值为 0～9。工作方式控制位含义如下：

0：所有火警信息均显示；

1：只显示本楼所有火警信息；

2：只显示本楼本层及上、下层所有火警信息；

3：只显示本楼本层所有火警信息；

4：本楼层的信息全显，不考虑楼号（显示信息：××层全显）；

5～9：无意义，保留字，禁用。

④定义一次码后，需要在火灾报警控制器中添加该显示盘，具

体操作如下：

a．按下“系统设置”按钮→调试状态→设备直接注册→火灾显示盘注册；

b．此时系统将自动检查连接在总线上的设备，依次从1～64号地址搜索；

c．完成后，系统将实现连接的设备；

d．此时完成回路设备注册；

e．现在手动让感烟探测器报警，然后查看火灾报警控制器和火灾显示盘是否报警；

f．当火灾报警控制器和显示盘报警时，将显示具体报警设备并发出报警声。

5．编码手动报警按钮的安装和使用

J-SAP-8401 手动火灾报警按钮（以下简称报警按钮）安装在公共场所，当人工确认火灾发生后按下报警按钮上的有机玻璃片，可向控制器发出火灾报警信号，控制器接收到报警信号后，显示出报警按钮的编码信息并发出报警声响，如图4-30所示。

图4-30　编码手动报警按钮外形图

（1）工作原理：本报警按钮采用按压报警方式，通过机械结构进行自锁，可减少人为误触发现象。报警按钮内置单片机，完成报警检测及与控制器通信功能。单片机内含EEPROM用于存储地址码、设备类型等信息，地址码可通过GST-BMQ-1B或GST-BMQ-2型电子编码器进行现场更改。

（2）特点：

①采用拔插式结构设计，安装简单方便。

②按下报警按钮玻璃片，报警按钮提供的独立输出触点，可直接控制其他外部设备。

③报警按钮上的有机玻璃片在按下后可用专用工具复位。

④用微处理器实现对消防设备的控制，用数字信号与控制器进行通信，工作稳定可靠，对电磁干扰有良好的抑制能力。

⑤地址码为电子编码，可现场改写。

（3）技术指标：

①工作电压：信号总线电压：24V　允许范围：16～28V

②工作电流：监视电流≤0.6 mA，报警电流≤1.8 mA

③输出容量：额定 DC60V/100 mA 无源输出触点信号，接触电阻≤100 m

④启动零件型式：重复使用型

⑤启动方式：人工按下有机玻璃片

⑥复位方式：用吸盘手动复位

⑦指示灯：红色，正常巡检时约 3s 闪亮一次，报警后点亮

⑧编码方式：电子编码，编码范围在 1～242 任意设定

⑨线制：与控制器无极性二线制连接

⑩使用环境：

类型：户内

温度：－10～55℃

相对湿度≤95%，不凝露

⑪外形尺寸：90 mm×122 mm×48.5 mm（带底壳）

⑫外壳防护等级：IP43

⑬壳体材料和颜色：ABS，红色

⑭重量：约 221 g（含底壳）

⑮安装孔距：65 mm

⑯执行标准：GB 19880—2005

（4）安装：

警告：安装设备之前，请切断回路的电源并确认全部底壳已安装牢靠且每一个底壳的连接线极性准确无误。

安装前应首先检查外壳是否完好无损，标识是否齐全。

安装时只需拔下报警按钮，从底壳的进线孔中穿入电缆并接在

相应端子上，再插好报警按钮即可安装好报警按钮，安装孔距为65 mm。报警按钮底壳安装采用明装和暗装两种方式，安装示意图如图 4-31 所示。

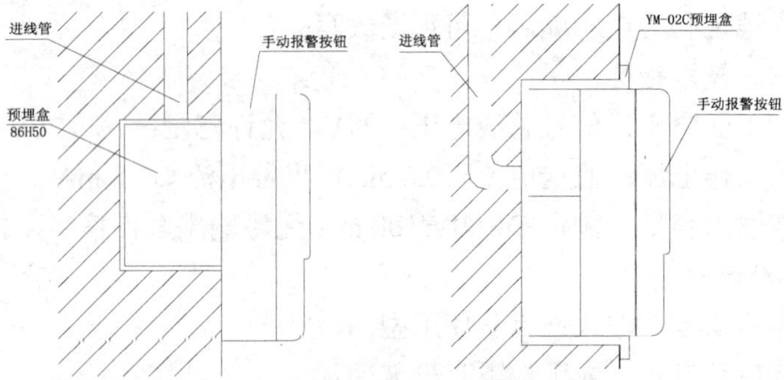

（a）明装方式　　（b）暗装方式

图 4-31　报警按钮底壳安装

端子说明如图 4-32 所示。

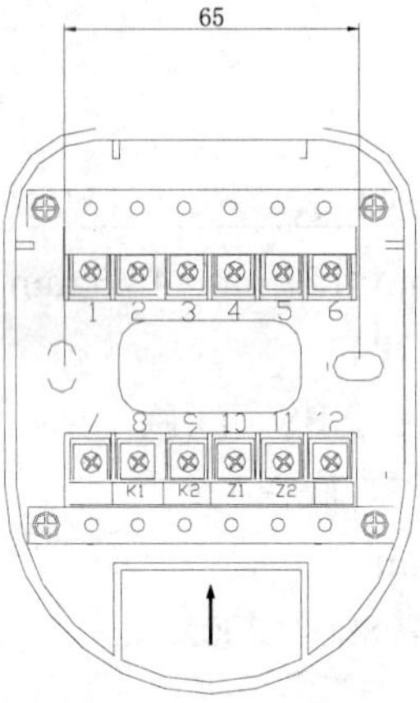

图 4-32　端子示意图

Z1、Z2：无极性信号二总线接线端子。

K1、K2：无源常开输出端子，当报警按钮按下时，输出触点闭合信号，可直接控制外部设备。

布线要求：Z1、Z2 可选用截面积不小于 1.0 mm^2 的 RVS 双绞线。

（5）测试和使用：使用前应对报警按钮进行编码操作。可利用 GST-BMQ-2 型电子编码器（具有支持数字化总线通信功能）进行现场编码，编码时将电子编码器与报警按钮的总线端子 Z1、Z2 连接，输入“编码号”后，按“编码”键即完成编码工作。如编码器显示“P”，则编码成功，反之为错误。

按照消防报警接线图接线后，先在火灾控制器对报警按钮进行注册，报警按钮处于正常工作状态。当现场发生火警后，按下报警按钮上的玻璃片，报警按钮指示灯应点亮，控制器显示火警地址信息。无火情后及时将报警按钮复位。

6. 编码单输入模块的安装和使用

GST-LD-8300 输入模块（以下简称模块），用于接收消防联动设备输入的常开或常闭开关量信号，并将联动信息传回火灾报警控制器（联动型）。主要用于配接现场各种主动型设备如水流指示器、压力开关、位置开关、信号阀及能够送回开关信号的外部联动设备等。这些设备动作后，输出的动作信号可由模块通过信号二总线送入火灾报警控制器，产生报警，并可通过火灾报警控制器来联动其他相关设备动作，如图 4-33 所示。

图 4-33　编码单输入模块图

（1）工作原理：内嵌处理器，负责对输入信号的逻辑状态进行判断，并对该逻辑状态进行处理，分别以正常、动作、故障三种形式传给控制器。

（2）特点：

①输入端可现场设为常闭检线、常开检线输入，应与无源触点连接；

②地址码为电子编码，可由电子编码器事先写入，也可由控制器直接更改，工程调试简便可靠；

③由微处理器对运行情况进行监视，分别以正常、动作、故障三种形式将模块的状态传给控制器；

④电路部分和接线底壳采用插接方式，接触可靠、便于施工。

（3）技术指标：

①工作电压：信号总线电压：总线 24V 允许范围：16～28V

②工作电流：≤1 mA

③指示灯：红色（正常监视状态闪亮，动作时常亮）

④编码方式：电子编码方式，占用一个总线编码点，编码范围可在 1～242 任意设定

⑤线制：与火灾报警控制器的信号二总线无极性连接

⑥输入方式：常开检线时线路发生断路（短路为动作信号）、常闭检线输入时输入线路发生短路（断路为动作信号），模块将向控制器发送故障信号

⑦使用环境：

温度：－10～55℃，相对湿度≤95%，不凝露

⑧外形尺寸：86 mm×86 mm×43 mm（带底壳）

⑨壳体材料和颜色：ABS，瓷白

⑩重量：约 126g（带底壳）

⑪安装孔距：60 mm

⑫执行标准：GB 16806—2006

（4）安装：

警告：安装设备之前，请切断回路的电源并确认全部底壳已安装牢靠且每一个底壳的连接线准确无误。模块输入端如果设置为“常闭检线”状态输入，模块输入线末端（远离模块端）必须串联一个 4.7 kΩ的终端电阻；模块输入端如果设置为“常开检线”状态输入，

模块输入线末端（远离模块端）必须并联一个 4.7 kΩ的终端电阻（具体接线方法见应用方法）。

安装前应首先检查外壳是否完好无损，标志是否齐全。

模块采用明装方式，底壳与模块间采用插接式结构安装，安装时只需拔下模块，从底壳的进线孔中穿入电缆并接在相应的端子上，再插好模块即可安装好模块。

①模块采用线管预埋安装，将底盒安装在 86H50 型预埋盒上，安装孔距为 60 mm，如图 4-34 所示，安装示意图如图 4-35 所示。

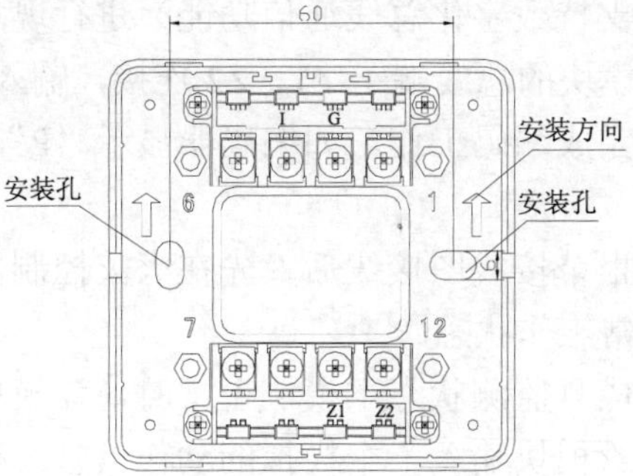

图 4-34 端子示意图

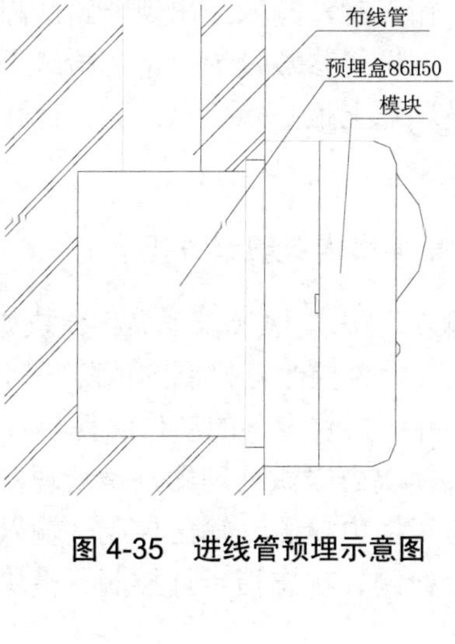

图 4-35 进线管预埋示意图

②接线说明如图 4-34 所示：

Z1、Z2：接控制器两总线，无极性。

G：与设备的无源常开触点（设备动作闭合报警型）连接；也可通过电子编码器设置为常闭输入。

③布线要求：信号总线 Z1、Z2 采用 RVS 型双绞线，截面积≥1.0 mm^2；I、G 采用 RV 线，截面积≥1.0 mm^2。

（5）测试和使用：

①使用前应对报警按钮进行编码操作。可利用 GST-BMQ-2 型电子编码器（具有支持数字化总线通信功能）进行现场编码，编码时将电子编码器与模块的总线端子 Z1、Z2 连接，输入“编码号”后，按“编码”键即完成编码工作。如编码器显示“P”，则编码成功，反之为错误。

②按照消防报警接线图接线后，先在火灾控制器对模块进行注册，模块处于正常工作状态。

③在注册完成且监测状态下模块正常时，让模块所配接的设备发出动作信号或给模块输入一个模拟的动作信号，模块能正确接收并将动作信息传到火灾报警控制器，动作指示灯点亮；当动作信号撤销时，动作指示灯熄灭，模块上报正常信息；当模块输入设定参数设为“常开检线”输入时，输入线出现断路故障时，模块能上报故障信息；当模块输入设定参数设为“常闭检线”输入时，输入线出现短路故障时，模块能上报故障信息；如上述几种情况均正常，则说明模块工作正常。

7．编码单输入/单输出模块的安装和使用

GST-LD-8301 输入/输出模块（以下简称模块如图 4-36 所示），主要用于连接需要火灾报警控制器控制的消防联动设备，如排烟阀、送风阀、防火阀等，并可接收设备的动作回答信号。

（1）工作原理：模块内嵌微处理器，微处理器实现与火灾报警控制器通信、电源总线掉电检测、输出控制、输入信号逻辑状态判断、输入输出线故障检测、状态指示灯控制。模块接收到火灾报警

控制器的启动命令后，吸合输出继电器，并点亮指示灯。模块接收到设备传来的回答信号后，将该信息传到火灾报警控制器。

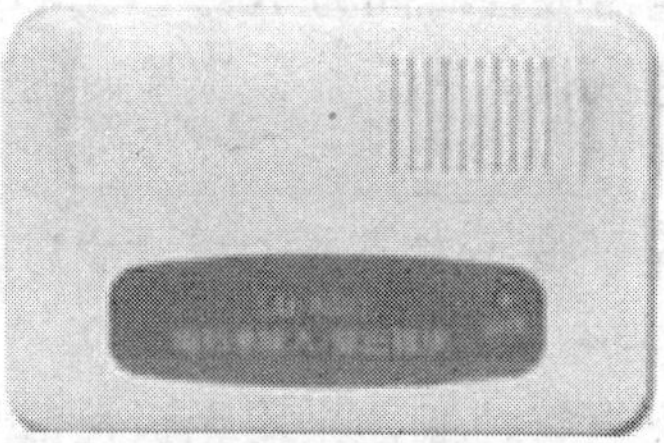

图 4-36　编码单输入/单输出模块图

（2）特点：

①输出可设置为有源输出或无源输出方式。

②输入、输出具有检线功能。

③输入端可现场设为常开检线、常闭检线或自回答方式，可与无源触点连接。

④地址码为电子编码，可由电子编码器事先写入，也可由控制器直接更改，工程调试简便可靠。

⑤电路部分和接线底壳采用插接方式，接触可靠、便于施工。

（3）技术指标：

①工作电压：信号总线电压：总线 24V　允许范围：16～28V，电源总线电压：DC24V　允许范围：DC20～DC28V

②工作电流：总线监视电流≤1 mA，总线启动电流≤3 mA，电源监视电流≤5 mA，电源启动电流≤20 mA

③输入检线：常开检线时线路发生断路（短路为动作信号）、常闭检线输入时输入线路发生短路（断路为动作信号），模块将向控制器发送故障信号

④输出检线：输出线路发生短路、断路，模块将向控制器发送故障信号

⑤输出容量：无源输出：容量为 DC24V/2A，正常时触点阻值为 100 kΩ，启动时闭合，适用于 12～48V 直流或交流

⑥有源输出：容量为DC24V/1A

⑦输出控制方式：脉冲、电平（继电器常开触点输出或有源输出，脉冲启动时继电器吸合时间为10s）

⑧指示灯：红色（输入指示灯：巡检时闪亮，动作时常亮；输出指示灯：启动时常亮）

⑨编码方式：电子编码方式，占用一个总线编码点，编码范围可在1～242任意设定

⑩线制：与火灾报警控制器采用无极性信号二总线连接，与电源线采用无极性二线制连接

⑪使用环境：

温度：－10～55℃，相对湿度≤95%，不凝露

⑫外形尺寸：86 mm×86 mm×43 mm（带底壳）

⑬壳体材料和颜色：ABS，瓷白

⑭重量：约145g（带底壳）

⑮安装孔距：60 mm

⑯执行标准：GB 16806—2006

（4）安装：

警告：安装设备之前，请切断回路的电源并确认全部底壳已安装牢靠且每一个底壳的连接线准确无误。模块输入端如果设置为“常开检线”状态输入，模块输入线末端（远离模块端）必须并联一个4.7 kΩ的终端电阻；模块输入端如果设置为“常闭检线”状态输入模块输入线末端（远离模块端）必须串联一个 4.7 kΩ的终端电阻。模块为有源输出时，G 和 NG、V+、NO 应该短接，COM、S-有源输出端应并联一个4.7 kΩ的终端电阻，并串联一个IN4007二极管（具体接线方法见应用方法）。

①安装前应首先检查外壳是否完好无损，标志是否齐全。

②模块采用明装方式，底壳与模块间采用插接式结构安装，安装时只需拔下模块，从底壳的进线孔中穿入电缆并接在相应的端子上，再插好模块即可安装好模块。

③模块采用线管预埋安装，将底盒安装在86H50型预埋盒上，

安装孔距为 60 mm，安装示意图如图 4-37 所示。

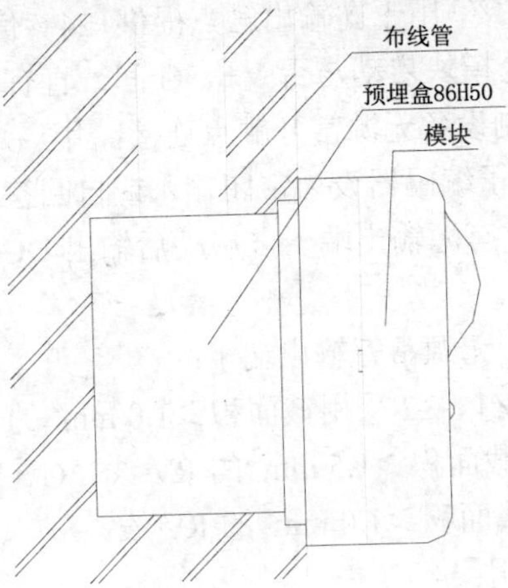

图 4-37　进线管预埋示意图

④接线说明如图 4-38 所示：

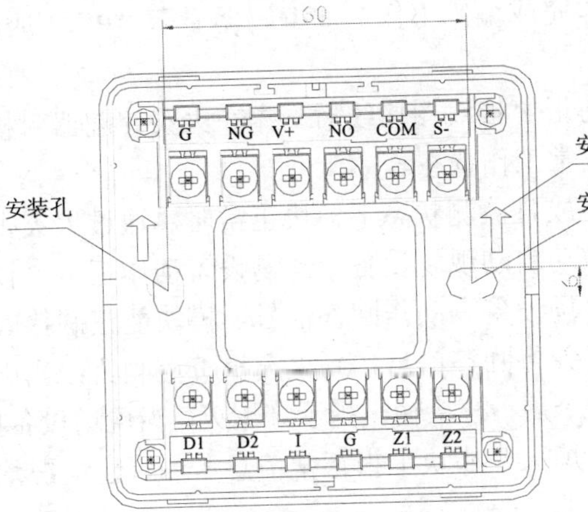

图 4-38　端子接线图

a. Z1、Z2：接控制器两总线，无极性；

b. D1、D2：DC24V 电源，无极性；

c. G、NG、V+、NO：DC24V 有源输出辅助端子，将 G 和 NG 短接、V+和 NO 短接，用于向输出触点提供+24V 信号以便实现有源 DC24V 输出；无论模块启动与否 V+、G 间一直有 DC24V 输出；

d. G：与被控制设备无源常开触点连接，用于实现设备动作回答确认（也可通过电子编码器设为常闭输入或自回答）；

e. COM、S-：有源输出端子，启动后输出 DC24V，COM 为正极、S-为负极；

f. COM、NO：无源常开输出端子；

g. 布线要求：Z1、Z2 采用截面积≥1.0 mm^2 的 RVS 双绞线；电源线 D1、D2 采用截面积≥1.5 mm^2 的 RV 线；G、NG、V+、NO、COM、S-、I 采用截面积≥1.0 mm^2 的 RV 线。

（5）测试和使用：

①使用前应对报警按钮进行编码操作。可利用 GST-BMQ-2 型电子编码器（具有支持数字化总线通信功能）进行现场编码，编码时将电子编码器与模块的总线端子 Z1、Z2 连接，输入“编码号”后，按“编码”键即完成编码工作。如编码器显示“P”，则编码成功，反之为错误。

②按照消防报警接线图接线后，先在火灾控制器对模块进行注册，模块处于正常工作状态。

③在注册完成且监测状态下模块正常时，通过火灾报警控制器直接启动，或联动启动现场设备，现场设备动作正常、模块输出指示灯常亮，如现场设备有动作回答信号，模块能正确接收，模块输入指示灯常亮，并将回答信息传到火灾报警控制器；当火灾报警控制器撤销启动命令后，模块输出指示灯熄灭，当现场设备撤销动作，模块输入指示灯熄灭，模块上报正常信息；如上述情况均正常，则说明模块工作正常。

8．编码火警声光讯响器的安装和使用

HX-100B/T 火灾声光警报器（以下简称警报器），用于在火灾发生时提醒现场人员注意。警报器是一种安装在现场的声光报警设备，

当现场发生火灾并被确认后，可由消防控制中心的火灾报警控制器启动，也可通过安装在现场的手动报警按钮直接启动。启动后警报器发出强烈的声光警号，以达到提醒现场人员注意的目的，如图 4-39 所示。

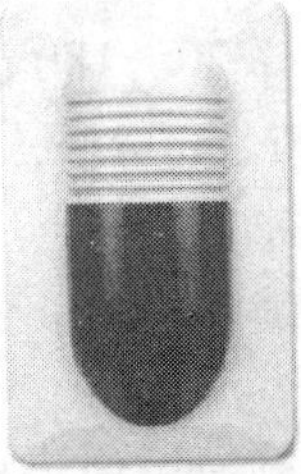

图 4-39　火警声光讯响器图

（1）工作原理：警报器内嵌微处理器，微处理器实现与火灾报警控制器通信、电源总线掉电检测、声光信号启动。警报器接收到火灾报警控制器的启动命令后，开始启动声光信号。采用音效芯片经三极管和变压器放大，推动扬声器发出声响；采用定时电路控制 6 只超高发光二极管发出闪亮的光信号。也可通过外控触点直接启动声光信号。

（2）特点：

①红色有机玻璃面板，采用多只超高亮红色发光二极管作为光源，显示醒目、寿命长、功耗低。

②声音为火警声，声压高达 85dB，利于引起现场人员注意。

③提供外控端子，可利用无源常开触点（如手动报警按钮）直接启动，直接启动时不受信号总线掉电的影响。

④信号总线及电源总线无极性，接线方便。

⑤具有电源掉电检测功能。若电源总线掉电，可将故障信息传到控制器。

⑥地址码为电子编码，可现场改写。

⑦电路部分和接线底壳采用插接方式，接触可靠、便于施工。

（3）技术指标：

①工作电压：信号总线电压：24V　允许范围：16～28V　电源总线电压：DC24V　允许范围：DC20～28V

②工作电流：总线监视电流≤0.8 mA，总线启动电流≤6 mA，电源监视电流≤10 mA，电源动作电流≤160 mA

③闪光频率：每分钟闪亮 20～180 次

④声压级≥85 dB[正前方 3 m 水平处（A 计权）]

⑤变调周期：0.2～5s

⑥编码方式：采用电子编码方式，占一个总线编码点，编码范围可在 1～242 任意设定

⑦线制：四线制，与控制器采用无极性信号二总线连接，与电源线采用无极性二线制连接

⑧使用环境：

温度：－40～55℃，相对湿度≤95%，不凝露

⑨外形尺寸：144 mm×90 mm×57 mm（带底壳）

⑩壳体材料和颜色：ABS/象牙白，正面镶有机玻璃/红色

⑪重量：约 423 g（含底壳）

⑫安装孔距：65 mm

⑬执行标准：GA 385—2002

（4）安装：

警告：安装设备之前，请切断回路的电源并确认全部底壳已安装牢靠且每一个底壳的连接线准确无误。

①安装前应首先检查外壳是否完好无损，标志是否齐全。

②警报器底壳与警报器之间采用插接方式，安装时为明装，可安装在 86H50 型标准预埋盒上，安装示意图如图 4-40 所示。

③接线说明如图 4-41 所示：

D1、D2：接 DC24V 电源，无极性；

Z1、Z2：接控制器信号总线，无极性；

S1、G：外控无源输入。

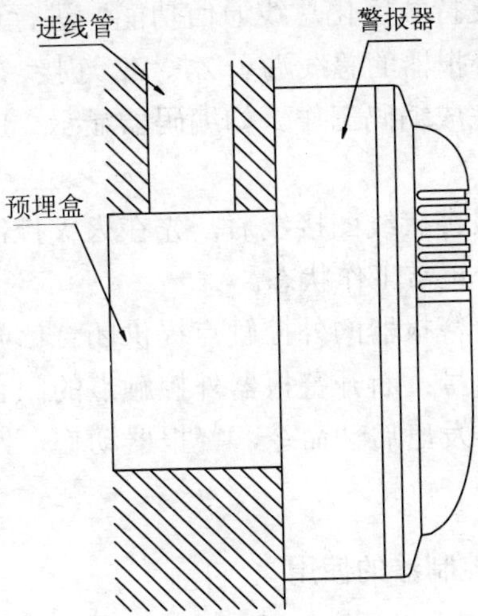

图 4-40 安装示意图

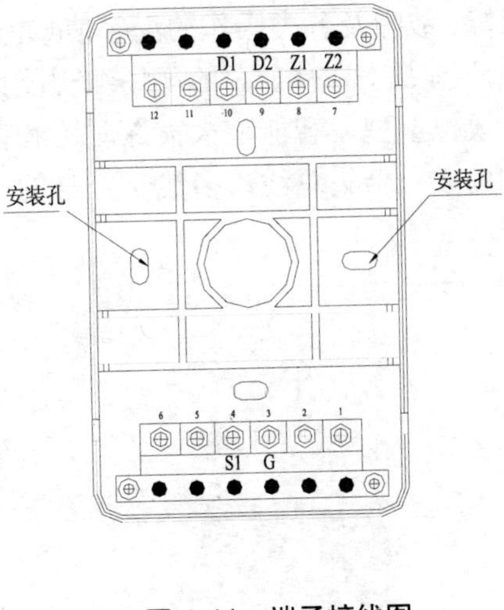

图 4-41 端子接线图

（5）测试和使用：

①使用前应对报警按钮进行编码操作。可利用 GST-BMQ-2 型电

子编码器（具有支持数字化总线通信功能）进行现场编码，编码时将电子编码器与警报器的总线端子 Z1、Z2 连接，输入“编码号”后，按“编码”键即完成编码工作。如编码器显示“P”，则编码成功，反之为错误。

②按照消防报警接线图接线后，先在火灾控制器对警报器进行注册，警报器处于正常工作状态。

③外控设备给警报器的外控触点提供闭合信号，警报器动作，发出声、光报警信号；断开警报器外控触点的闭合信号，从火灾报警控制器向警报器发出启动命令，警报器动作，发出声、光警号，说明警报器正常。

9．火灾报警控制器的使用

JB-QB-GST200 火灾报警控制器（联动型）采用 240×160 点汉字液晶显示，全汉字操作及提示界面。控制器汉字容量 1 927 个，并可根据工程需要做相应字库，现场只需更改汉字点阵字库。打印机可打印系统所有报警、故障及各类操作的汉字信息。最大容量为 242 个总线制报警联动控制点，具有全面的现场编程能力。本控制器可与各类开关量型、模拟量型、智能型火灾探测器和控制模块及多线制控制模块连接，构成一个集总线、多线于一身的报警联动一体化控制系统。

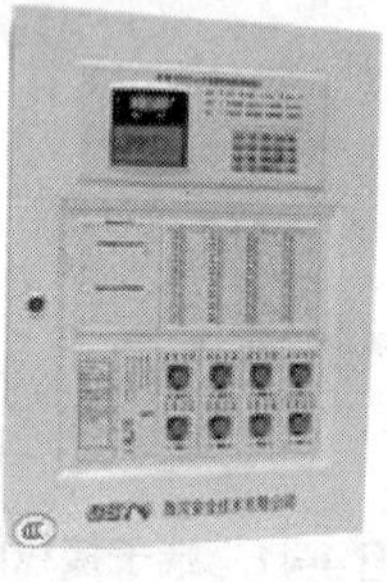

图 4-42　火灾报警控制器图

GST200 火灾报警控制器（联动型）典型配置包括：主控制器、

显示操作盘、智能手动操作盘。本控制器集报警、联动于一身，通过总线、多线的控制可完成探测报警及消防设备的启/停控制等功能。

（1）组成：由显示操作盘、智能手动操作盘、多线制锁、打印机组成。

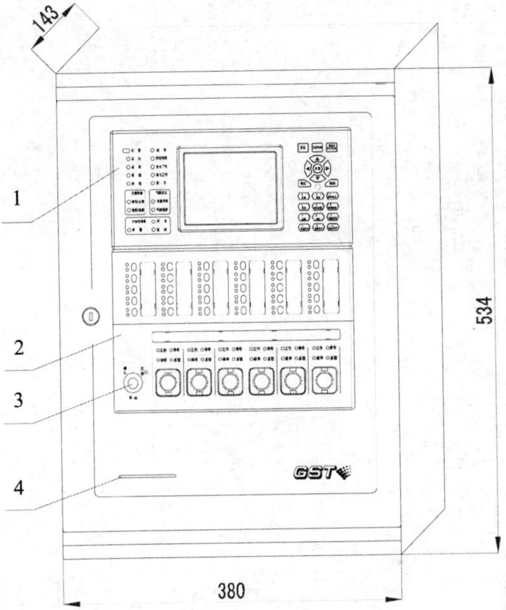

图 4-43　火灾报警控制器图

1—显示操作盘；2—智能手动操作盘；3—多线制锁；4—打印机

（2）接线：按照图 4-44 对火灾报警按钮、声光报警器、探测器、编码模块、模拟设备进行接线。

（3）运行：

打开控制器的主备电开关。完成以上操作后，系统上电进入自动检查状态，如图 4-45 所示。

关机过程按照与开机时相反的顺序关掉各开关即可。

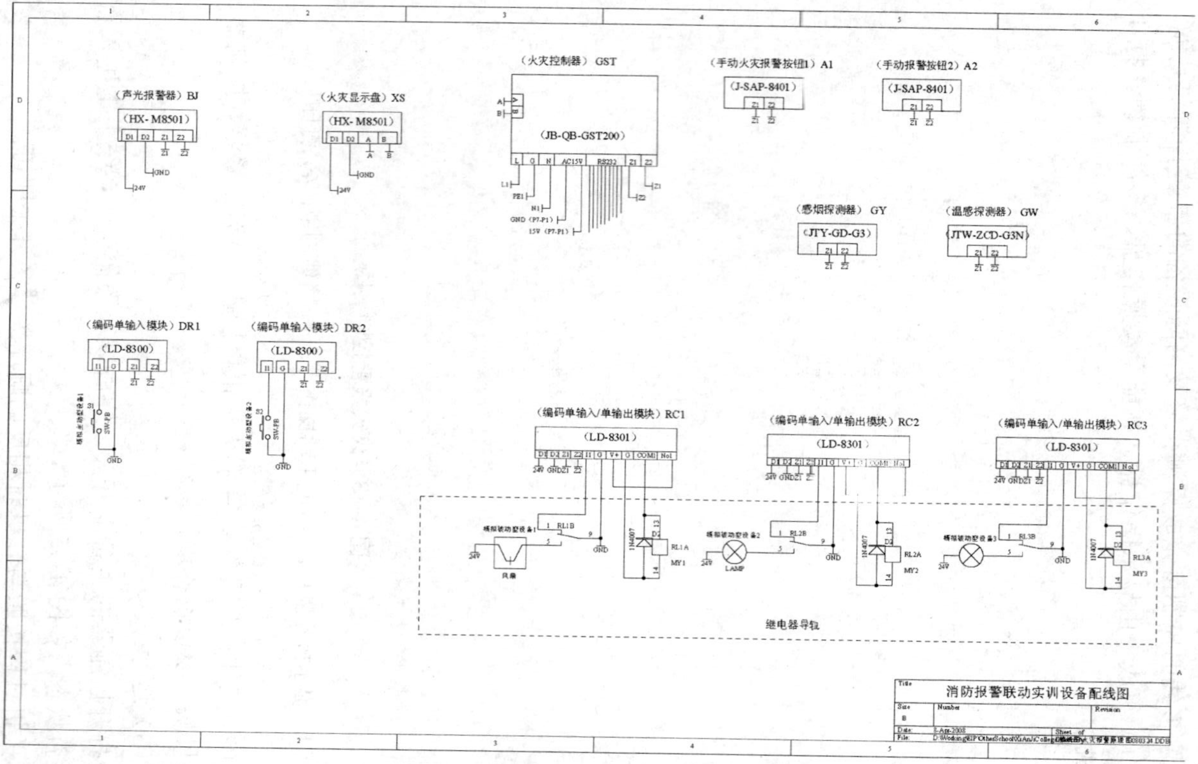

图 4-44　消防报警联动实训设备配线图

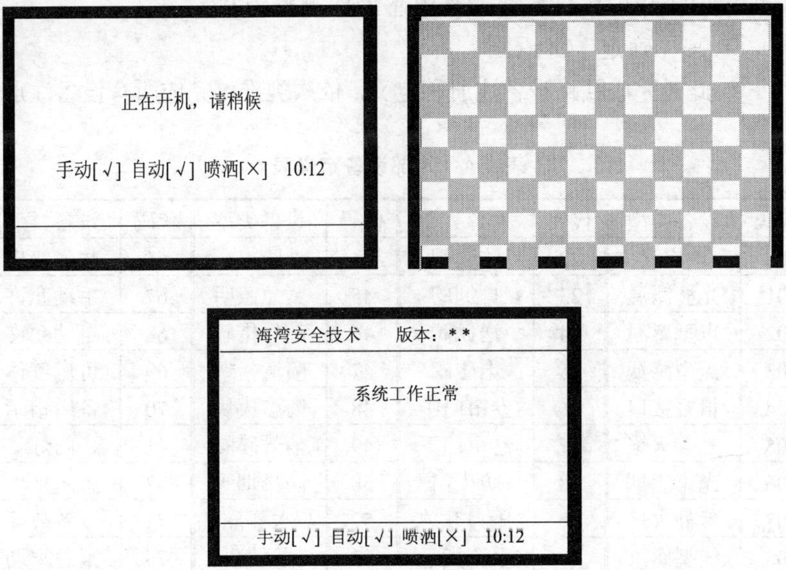

图 4-45 自检图

（4）设备注册和定义：把相关消防回路设备注册到火灾报警控制器中，设备包括智能光电感烟探测器、智能电子温感探测器、编码手动报警按钮、编码单输入模块、编码单输入/单输出模块、编码火警声光讯响器等。步骤如下：

① 按下“系统设置”按钮→调试状态→设备直接注册→外部设备注册。

② 此时系统将自动检查连接在总线上的设备，依次从 1～254 号地址搜索。

③ 完成后，系统将实现连接的设备。

④ 现在开始对设备类型进行定义。

⑤ 按下“系统设置”按钮→设备定义→设备连续定义→外部设备定义。

⑥ 在“原码”输入回路设备地址。

⑦ 在“二次码”输入设备类型，具体设备代码参考表 4-4。如

手动按钮的代码为 11，智能光电感烟探测器为 03。

⑧ 按“确定”键返回。

⑨ 此时完成回路设备注册和定义，依次类推可完成所有设备注册。

表 4-4　外部设备定义表

代码	设备类型	代码	设备类型	代码	设备类型	代码	设备类型
00	未定义	22	防火阀	44	消防电源	66	故障输出
01	光栅测温	23	排烟阀	45	紧急照明	67	手动允许
02	点型感温	24	送风阀	46	疏导指示	68	自动允许
03	点型感烟	25	电磁阀	47	喷洒指示	69	可燃气体
04	报警接口	26	卷帘门中	48	防盗模块	70	备用指示
05	复合火焰	27	卷帘门下	49	信号碟阀	71	门灯
06	光束感烟	28	防火门	50	防排烟阀	72	备用工作
07	紫外火焰	29	压力开关	51	水幕泵	73	设备故障
08	线型感温	30	水流指示	52	层号灯	74	紧急求助
09	吸气感烟	31	电梯	53	设备停动	75	时钟电源
10	复合探测	32	空调机组	54	泵故障	76	警报输出
11	手动按钮	33	柴油发电	55	急启按钮	77	报警传输
12	消防广播	34	照明配电	56	急停按钮	78	环路开关
13	讯响器	35	动力配电	57	雨淋泵	79	未定义
14	消防电话	36	水幕电磁	58	上位机	80	未定义
15	消火栓	37	气体启动	59	回路	81	消火栓
16	消火栓泵	38	气体停动	60	空压机	82	缆式感温
17	喷淋泵	39	从机	61	联动电源	83	吸气感烟
18	稳压泵	40	火灾示盘	62	多线制锁	84	吸气火警
19	排烟机	41	闸阀	63	部分设备	85	吸气预警
20	送风机	42	干粉灭火	64	雨淋阀		
21	新风机	43	泡沫泵	65	感温棒		

10．监测现场报警信号测试

（1）探测器报警测试：

①通过外部手段让感烟探测器报警。

②查看火灾报警控制器和火灾显示盘的液晶屏，核对为哪个设备报警。

③按火灾报警控制器的“消音”键进行消音。

④按火灾报警控制器的“复位”键进行复位。

⑤报警消除。

（2）手动火灾报警按钮测试：

①按下手动火灾报警按钮。

②查看火灾报警控制器和火灾显示盘的液晶屏，核对为哪个设备报警。

③按火灾报警控制器的“消音”键进行消音。

④按火灾报警控制器的“复位”键进行复位。

⑤用专用的吸盘，让火灾报警按钮复位，报警消除。

（3）编码输入、输出模块测试：

①按下“模拟手动型设备1”按钮，此时“模拟被动性设备1”风扇转动、“模拟被动性设备2”指示灯亮。

②查看火灾报警控制器和火灾显示盘的液晶屏，核对为哪个设备报警。

③按火灾报警控制器的“消音”键进行消音。

④按火灾报警控制器的“复位”键进行复位。

⑤复位“模拟手动型设备1”按钮，此时“模拟被动性设备1”风扇停止转动、“模拟被动性设备2”指示灯灭，报警消除。

第四节　综合布线施工方法

一、概述

1．应用范围

由于综合布线系统主要是针对建筑物内部及建筑物群之间的计算机、通信设备和自动化设备的布线而设计的，所以布线系统的应用范围是满足于各类不同的计算机、通信设备、建筑物自动化设备传输弱电信号的要求。综合布线系统网络上传输的弱电信号有：

①模拟与数字语音信号；

②高速与低速的数据信号；

③传真机等需要传输的图像资料信号；

④会议电视等视频信号；

⑤建筑物的安全报警和自动化控制的传感器信号等。

2．综合布线的优点

对比传统布线，综合布线作为现代建筑的信息传输系统，其主要优点有：

传统布线方式由于缺乏统一的技术规范，用户必须根据不同应用选择多种类型的线缆、接插件和布线方式，造成线缆布放的重复浪费，缺乏灵活性并且不能支持用户应用的发展而需要重新布线；综合布线系统集成传输现代建筑所需的语音、数据、视像等信息，采用国际标准化的信息接口和性能规范，支持多厂商设备及协议，满足现代企业信息应用飞速发展的需要。

采用综合布线系统，用户能根据实际需要或办公环境的改变，灵活方便地实现线路的变更和重组，调整构建所需的网络模式，充分满足用户业务发展的需要。

综合布线系统采用结构化的星形拓扑布线方式和标准接口，大大提高了整个网络的可靠性及可管理性，大幅降低系统的管理维护费用。

模块化的系统设计提供良好的系统扩展能力及面向未来应用发展的支持，充分保证用户在布线方面的投资，提供用户长远的效益。

综合布线系统较好地解决了传统布线方法存在的许多问题，提供了具有长远效益的先进可靠的解决方案。随着现代信息技术的飞速发展，综合布线系统将成为现代智能建筑不可缺少的基础设施。

3. 综合布线系统施工

综合布线系统施工包括管槽敷设、线缆的布放及面板、信息插座、主配线柜、单元配线柜、配线架的安装和线缆的打线、光纤的架设、熔接、线路测试等。所有前期工作完成后，进行最后的系统调试开通。

二、管道安装

1. 金属管的要求

金属管应符合设计文件的规定，表面不应有穿孔、裂缝和明显的凹凸不平，内壁应光滑，不允许有锈蚀。在易受机械损伤的地方和在受力较大处直埋时，应采用足够强度的管材。

2. 金属管的切割及连接

在配管时，根据实际需要长度，对管子进行切割。管子的切割可使用钢锯、管子切割刀或电动切管机，严禁用气割。

管子和管子、管子和接线盒、配线箱的连接，将管口端面和内壁的毛刺锉光，使管口保持光滑，采用直接、锁母等配件连接。

3. 金属管的弯曲

在敷设时，应尽量减少弯头，每根管的弯头不应超过 3 个，直角弯头不应超过 2 个，并不应有 S 弯出现。

金属管的弯曲一般都用弯管进行。先将管子需要弯曲部位的前段放在弯管器内，焊缝放在弯曲方向背面或侧面，以防管子弯扁，然后用脚踩住管子，手扳弯管器，便可得到所需要的弯度。

4. 金属管进入信息插座的接线盒后的要求

管口进入盒内的露出长度应小于 5 mm。

明设管应用锁紧螺母或带丝扣管帽固定，露出锁紧螺母的丝扣为 2～4 扣。

5. 金属管的敷设

（1）金属管的暗设应符合下列要求：

①预埋在墙体中间的金属管内径不宜超过 50 mm，楼板中的管径宜为 15～25 mm，直线布管 30 mm 处设置暗线盒。

②敷设在混凝土、水泥里的金属管，其地基应坚实、平整、不应有沉陷，以保证敷设后的线缆安全运行。

③金属管连接时，管孔应对准，接缝应严密，不得有水泥、沙浆渗入。管孔对准、无错位，以免影响管、线、槽的有效管理，保证敷设线缆时穿设顺利。

④金属管道应有不小于 0.1%的排水坡度。

⑤建筑群之间金属管的埋设深度不应小于 0.7 m；在人行道下面敷设时，不应小于 0.5 m。

⑥金属管内应安置牵引线或拉线。

⑦金属管的两端应有标记，表示建筑物、楼层、房间和长度。

（2）光缆与电缆同管敷设时，应在金属管内预置塑料子管。将光缆敷设在子管内，使光缆和电缆分开布放，子管的内径应为光缆外径的 2.5 倍。

三、线缆布放

1. 布线安全

参加施工的人员应遵守以下几点：

（1）穿着合适的衣服。

（2）使用安全的工具。

（3）保证工作区的安全。

（4）制定施工安全措施。

2．线缆布放的一般要求

（1）线缆布放前应核对规格、程式、路由及位置是否与设计规定相符合。

（2）布放的线缆应平直，不得产生扭绞、打圈等现象，不应受到外力挤压和损伤。

（3）在布放前，线缆两端应贴有标签，标明起始和终端位置以及信息点的标号，标签书写应清晰、端正和正确。

（4）信号电缆、电源线、双绞线缆、光缆及建筑物内其他弱电线缆应分离布放。

（5）布放线缆应有冗余。在二级交接间、设备间双绞电缆预留长度一般为 3～6 m，工作区为 0.3～0.6 m。特殊要求的应按设计要求预留。

（6）布放线缆，在牵引过程中吊挂线缆的支点相隔间距不应大于 1.5 m。

（7）线缆布放过程中为避免受力和扭曲，应制作合格的牵引端头。如果采用机械牵引，应根据线缆布放环境、牵引的长度、牵引张力等因素选用集中牵引或分散牵引等方式。

3．放线

（1）从线缆箱中拉线：

①除去塑料塞。

②通过出线孔拉出数米的线缆。

③拉出所要求长度的线缆，割断它，将线缆滑回到槽中去，留数厘米伸出在外面。

④重新插上塞子以固定线缆。

（2）线缆处理（剥线）：

①使用斜口钳在塑料外衣上切开“1”字形长的缝。

②找出尼龙的扯绳。

③将电缆紧握在一只手中，用尖嘴钳夹紧尼龙扯绳的一端，并

把它从线缆的一端拉开，拉的长度根据需要而定。

④割去无用的电缆外衣（另外一种方法是利用切环器剥开电缆）。

4．线缆牵引

用一条拉线将线缆牵引穿入墙壁管道、吊顶和地板管道称为线缆牵引。在施工中，应使拉线和线缆的连接点尽量平滑，所以要采用电工胶带在连接点外面紧紧的缠绕，以保证平滑和牢固。

（1）牵引多条 4 对双绞线：

①将多条线缆聚集成一束，并使它们的末端对齐。

②用电工胶带紧绕在线缆束外面，在末端外绕长 5～6cm。

③将拉绳穿过电工带缠好的线缆，并打好结。

（2）如果在拉线缆过程中，连接点散开了，则要收回线缆和拉线重新制作更牢固地连接：

①除去一些绝缘层暴露出 5cm 的裸线。

②将裸线分成两条。

③将两束导线互相缠绕起来形成环。

④将拉绳穿过此环，并打结，然后将电工带缠到连接点周围，要缠得结实和平滑。

（3）牵引多条 25 对双绞线：

①剥除约 30 cm 的线缆护套，包括导线上的绝缘层。

②使用斜口钳将线切去，留下约 12 根。

③将导线分成两个绞线组。

④将两组绞线交叉穿过拉线的环，在线缆的那边建立一个闭环。

⑤将双绞线一端的线缠绕在一起以使环封闭。

⑥将电工带紧紧地缠绕在线缆周围，覆盖长度约 5 cm，然后再绕上一段。

5．建筑物水平线缆布线

（1）管道布线：管道布线是在浇筑混凝土时已把管道预埋在地板中，管道内由牵引电缆线的钢丝或铁丝，施工时只需通过管道图纸了解地板管道，即可制订施工方案。

对于没有预埋管道的新建筑物，布线施工可以与建筑物装潢同步进行，这样既便于布线，又不影响建筑的美观。

管道一般从配线间埋到信息插座安装孔，施工时只要将双绞线固定在信息插座的接线端，从管道的另一端牵引拉线就可将线缆引到配线间。

（2）吊顶内布线：

①索取施工图纸，确定布线路由。

②沿着所设计的路由（在电缆桥架槽体内），打开吊顶，用双手推开每块镶板。

③将多个线缆箱并排放在一起，并使出线口向上。

④加标注，纸箱上可直接写标注，线缆的标注写在线缆末端，贴上标签。

⑤将合适长度的牵引线连接到一个带卷上。

⑥从离配线间最远的一端开始，将线缆的末端（捆在一起）沿着电缆桥架牵引经过吊顶走廊的末端。

⑦移动梯子将拉线投向吊顶的下一孔，直到绳子到达走廊的末端。

⑧将每 2 个箱子中的线缆拉出形成“对”，用胶带捆扎好。

⑨将拉绳穿过 3 个用带子缠绕好的线缆对，绳子结成一个环，再用带子将三对线缆与绳子捆紧。

⑩回到拉绳的另一端，人工牵引拉绳。所有的 6 条线缆（3 对）将自动从线箱中拉出并经过电缆桥架牵引到配线间。

⑪对下一组线缆（另外 3 对）重复第⑧步的操作。

⑫继续将剩下的线缆组增加到拉绳上，每次牵引它们向前，直到走廊末端，再继续牵引这些线缆一直到达配线间连接处。

当线缆在吊顶内布完后，还要通过墙壁或墙柱的管道将线缆向下引至信息插座安装孔。将双绞线用胶带缠绕成紧密的一组，将其末端送入预埋在墙壁中的 PVC 圆管内并把它往下压，直到在插座孔处露出 25～30 mm 即可。

每个系统线缆在桥架和竖井内要求分开布放、绑扎，在布线缆时，避免拉力过大和不匀，线缆头要有标签编号。

6. 建筑物垂直干线线缆布线

本系统采用室内多模光纤或双绞线作为垂直干线的主要载体，光纤的垂直干线布放可参考后面的“光缆敷设”。

四、信息插座端接

1. 安装要求

信息插座应牢固地安装在平坦的地方，外面有盖板。安装在活动地板或地面上的信息插座，应固定在接线盒内。插座面板有直立和水平等形式；接线盒有开启口，应可防尘。

安装在墙体上的插座，应高出地面 30cm，若地面采用活动地板时，应加上活动地板内净高尺寸。固定螺钉需拧紧，不应有松动现象。

信息插座应有标签，以颜色、图形、文字表示所接终端设备的类型。本系统采用 TIA/EIA 568B 标准接线。

2. 信息模块端接

信息插座分为单孔和双孔，每孔都有一个 8 位/8 路插针。这种插座的高性能、小尺寸及模块化特点，为设计综合布线提供了灵活性。它采用了标明多种不同颜色电缆所连接的终端，保证了快速、准确地安装。

（1）从信息插座底盒孔中将双绞电缆拉出 20～30cm。

（2）用环切器或斜口钳从双绞电缆剥除 10cm 的外护套。

（3）取出信息模块，根据模块的色标分别把双绞线的 4 对线缆压到合适的插槽中。

（4）使用打线工具把线缆压入插槽中，并切断伸出的余缆。

（5）将制作好的信息模块扣入信息面板上，注意模块的上下方向。

（6）将装有信息模块的面板放到墙上，用螺钉固定在底盒上。

（7）为信息插座贴上标签，标明所接终端类型和序号。

五、配线架端接

1．模块化配线架的端接

首先把配线架按顺序依次固定在标准机柜的垂直滑轨上，用螺钉上紧，每个配线架需配有 1 个 1U 的配线管理架。

（1）在端接线对之前，首先要整理线缆。用带子将线缆缠绕在配线板的导入边缘上，最好是将线缆缠绕固定在垂直通道的挂架上，这可保证在线缆移动期间避免线对的变形。

（2）从右到左穿过线缆，并按背面数字的顺序端接线缆。

（3）对每条线缆，切去所需长度的外皮，以便进行线对的端接。

（4）对于每一组连接块，设置线缆通过末端的保持器（或用扎带扎紧），这使得线对在线缆移动时不变形。

（5）当弯曲线对时，要保持合适的张力，以防毁坏单个的线对。

（6）对捻必须正确地安置到连接块的分开点上。这对于保证线缆的传输性能是很重要的。

（7）开始把线对按顺序依次放到配线板背面的索引条中，从右到左的色码依次为紫、紫/白、橙、橙/白、绿、绿/白、蓝、蓝/白。

（8）用手指将线对轻压到索引条的夹中，使用打线工具将线对压入配线模块并将伸出的导线头切断，然后用锥形钩清除切下的碎线头。

（9）将标签插到配线模块中，以标示此区域。

2．接插式配线架的端接

（1）第 1 个配线架上要端接的 24 条线牵拉到位，每个配线槽中放 6 条双绞线。左边的线缆端接在配线架的左半部分，右边的线缆端接在配线架的右半部分。

（2）在配线板的内边缘处将松弛的线缆捆起来，保证单条的线缆不会滑出配线板槽，避免线缆束的松弛和不整齐。

（3）在配线板边缘处的每条线缆上标记一个新线的位置。这有利于下一步在配线板的边缘处准确地剥去线缆的外衣。

（4）拆开线缆束并握紧住，在每条线缆的标记处划痕，然后将刻好痕的线缆束放回去，为盖上配线架做准备。

（5）当 4 个缆束全都刻好痕并放回原处，用螺钉安装配线架，并开始进行端接（从第一条线缆开始）。

（6）在刻痕处外最少 15cm 处切割线缆，并将刻痕的外套滑掉。

（7）沿着配线架的边缘将“4”对导线拉进前面的线槽中。

（8）拉紧并弯曲每一线对使其进入到索引条的位置中去，用索引条上的高齿将一对导线分开，在索引条最终弯曲处提供适当的压力使线对的变形最小。

（9）当上面两个索引条的线对安放好，并使其就位及切割后，再进行下面两个索引条的线对安置。在所有 4 个索引条都就位后，再安装连接模块。

六、光纤敷设

1．架空光缆

（1）架空光缆主要有钢绞线支承式和自承式两种。我国基本都是采用钢绞线支承式，这种结构是通过杆路吊线托挂或捆绑架设的。

①架空线路的杆间距离，市区为 25～40 m，郊区为 40～50 m，其他地段最大不超过 67 m。

②架空光缆的吊线应采用规格为 7/2.2 mm 的镀锌钢绞线，对于采用轻铠式光缆挂设时可采用 7/2.0 mm 或 7/1.8 mm 的钢绞线。架空光缆的垂度要考虑架设过程中和架设后受到最大负载时产生的伸长率。

③架空光缆可适当地在杆上作伸缩余留。

④按设计要求进行立杆，放吊线或利用原有杆路进行整治达到规定要求。

⑤光缆挂钩的卡挂间距要求为 50 cm，允许偏差不大于±3 cm。光缆卡挂应均匀，挂钩托板齐全，对各种光缆的外径选用不同大小

的挂钩型号。

（2）光缆吊线架设方法：

①采用导向滑轮，即在一终端结束沿线将吊线放入已预先装好的吊线线槽内，在另一端电杆部位安装一个大号滑轮，经过变向后再利用收线机进行吊线收紧。

②布放光缆时应每隔 20～30 m 安装 1 个导引小滑轮，将牵绳通过滑轮按顺序直至光缆所要的牵引端头。施工中一般光缆分几次牵引。

③光缆牵引完毕后，由一端或几端同时用挂钩将光缆托挂于吊线上，通常采用工程人员坐滑板车操作较快较好，也可以采用其他方法。挂线时如果是长途干线因考虑其一定的距离，留有适当的余线圈扎好吊于杆路上，以备特殊情况时，线路较易恢复。

2．墙壁光缆

（1）墙壁光缆在没有杆路的情况时选用厂房或住宅楼进行光缆敷设。

（2）墙壁光缆大部分在厂矿、企业内部和生活小区中使用的通信线路的施工。

（3）其架设基本与架空式相当。

3．管道光缆

对于城市ϕ90 mm 的标准管孔，可容纳 3～4 寸塑料子管 3 根。1 寸子管适合于直径小于 20 mm 的光缆，对于其他种类光缆应选用合适的管。

（1）子管布放过程中容易产生扭曲，当扭纹节距在 10 m 以内时，光缆与子管内壁的摩擦力增大，这样将给光缆的敷设带来一定的困难，因此敷设塑料子管应避免扭曲。

（2）管道光缆敷设要通过人孔的入口、出口路由上出现拐弯，曲线以及管道人孔高差等情况适时配置导引装置减少光缆的摩擦力，降低光缆的牵引张力。

（3）光缆牵引子管内应选用专用工具“尼龙棒”，安排适当的工程技术人员即可牵引，待光缆牵引完毕后由人工将每个人孔中的余缆放至规定的托架上。为了以后的安全一般采用软管或PE软管保护，并用扎带轧之固定。光缆的端头应留余适当长度盘圈后挂在人孔壁上，不要浸泡于水中。

4．埋式光缆

（1）敷设直埋光缆必须首先进行挖沟，根据不同的环境达到足够的深度沿线统一标准十分重要。挖沟标准一般普通土1.2 m、半石质1.0 m、流沙0.8 m，穿越铁、公路时1.2 m，上述沟底应加垫10 cm细土或沙土，沟底宽度一般为30 cm。如同沟敷设两条或两条以上光缆时，光缆间应保持5 cm的间距。在路面表层经常受压的路段应预埋钢管或预放硬质塑料管。布放光缆在遇有坡度、穿越铁、公路等特殊地段时应做“S”形敷设。

（2）直埋光缆必须做“两防”措施

1）防雷：采用直埋光缆多数选用加强件、防潮层和铠装层等金属件，容易遭受雷电冲击，损坏光缆，严重时通信中断。

处理措施：

①局内接地方式。

②系统接地方式。

③光缆上方敷设屏蔽线。

2）防腐、防鼠等。

七、综合布线的传输介质及选择

1．认可的介质

国际规范认可的介质可以单独使用也可以混合使用。这些介质是100Ω非屏蔽双绞线缆，50/125μm光缆在TIA568-B标准（正在开发中），62.5/125μm光缆、单模光纤50Ω同轴电缆或150Ω屏蔽A类双绞电缆在TIA 568-B标准。

目前综合布线中使用的电缆主要有两类，双绞铜缆和光缆。

（1）铜缆：

①50Ω的同轴电缆，适用于比较大型的计算机局域网。

②非屏蔽双绞线分为100Ω和150Ω两类。100Ω电缆又分为3类、4类、5类、6类，150Ω双绞电缆只有5类一种。

③屏蔽双绞线与非屏蔽双绞线一样，只不过在护套内增加了金属层。

（2）光缆：

①62.5 μm渐变增强型多模光纤光耦合效率高，光纤对准不太严格，需要较少的管理点和接头盒；对微弯曲损耗不太灵敏，符合FDDI标准。

②8.3 μm突变型单模光纤常用于距离大于2 000 m的建筑群。

2. 屏蔽双绞线与非屏蔽双绞线的选择

北美洲的绝大部分工程都采用非屏蔽系统。在欧洲的法国和德国十分推崇应用带屏蔽的双绞线，其市场占有率超过 50%。而非屏蔽双绞线完全能支持市场上的高速网络应用，屏蔽线比非屏蔽线价格及安装成本均较高，线缆柔软性较差，对已经使用了金属走线管的工程，不必要选用屏蔽布线系统，但对干扰较大的场合则应使用带屏蔽的双绞线。

第五节 停车场管理系统工程施工方法

一、布管

要暗埋在混凝土安全岛中的穿线管使用PVC电线管，不仅不会锈蚀，而且壁滑方便穿线。其他的穿线管根据消防规范应采用金属穿线管。按照布管布线图及设备安装位置图，布放穿线管步骤如下：

（1）先布置要暗埋在安全岛中的各穿线管。按照设备安装位置确定各穿线管的起点和终点，各管的起点和终点均要用弹簧弯管器折弯成90°的弯头，弯头部分在设备安装位置的中心集中捆扎起来，并朝上引出。引出端要高出地面30cm，管口要临时封堵，防止浇注混凝土时杂物掉入。需要管接头的均要用专用胶水密封胶牢。

（2）在安全岛范围内布管时，要合理布置管的走向，严禁将管布置在固定设备时打膨胀螺丝孔的位置。

（3）布放入口、出口之间的穿线管。确定管的起点和终点，布放KBG镀锌金属管，管的连接处均设86接线盒。KBG金属管与安全岛引出的PVC管对接时，也要使用86接线盒。

二、制作混凝土安全岛

停车场管理系统的安全岛相当于建筑房屋的地基，不仅可以承载设备工作时的应力（尤其道闸的应力可达几百公斤），而且可以保护设备和线路，同时规范车辆进出的车道，使工程外观更专业。因此安全岛的制作会直接影响系统的性能。制作安全岛按以下步骤进行：

（1）按图纸规划安全岛的形状线条。

（2）如果是在松软的泥土地面上建安全岛，须将地面挖深50 cm，并用混凝土浇注；如果在混凝土或很厚的石头地面建安全岛，须制作间隔10 cm密度的钢筋网，且钢筋网要深入地面。

（3）用木板沿安全岛形状线条围起一个高10 cm的框架。

（4）用水泥、石子、沙子比例为1∶1∶1的混凝土浇注用木板围起的安全岛框架，浇注完后找出水平面。至少一个星期后，等待混凝土完全凝固干燥后，用高标号水泥抹平安全岛表面。

（5）在安全岛侧面刷黄黑30 cm相间的路标漆，待干燥后，安全岛制作完成。

三、穿线

线路是电气工程的基础，线路布放、连接的质量好坏直接影响系统设备能否正常工作，以及影响设备的使用寿命，尤其是带有弱电数字信号传输的电气工程对线路质量的要求更高，系统工作效果的好坏与线路布放是否合理、是否规范直接相关，因此，控制布线的质量是电气工程的重要工作。可按以下步骤进行穿线：

（1）选用合格的、经过检测的、参数符合国家相关标准的电线电缆。在穿线之前，电线电缆均要先检测导通电阻和绝缘电阻。

（2）按照图纸在每根线管中穿标定的线，穿线要用专用塑料穿线器，不能用铁丝，以免划伤管壁或管中的其他电线。

（3）需要接头的线，接头要用焊锡焊接并套热缩管，对于电源线，在热缩管外还要裹电工胶带。

（4）穿好的线要再次检测导通电阻和绝缘电阻，如果有问题，要及时换线。测试好的线要按图纸要求用号码管标记线号。

（5）穿好所有的线后，所有出线点的线要用扎带扎好，连线带管用塑料带包好，以免雨水进入线管。

四、安装设备

按照图纸，将设备放置在安全岛上各自的安装位置上。放置设备时应保护下面的管线。

（1）按照图纸确认设备位置无误后，用铅笔将设备底座安装孔描画在安装平面上，并标记中心点，然后将设备移开。

（2）用ϕ16 钻头的电锤垂直向下打安装孔，孔深为 10 cm，钻出的土石要及时清理干净，且打好的孔中应没有杂物。

（3）将国标规格的ϕ12 膨胀螺丝压入每个安装孔中，并用螺母固定，要求固定好的膨胀螺丝不能随螺母一起转动，且露出的螺杆部分应小于 4 cm。

（4）旋掉膨胀螺丝上的螺母并保存好，将设备放入安装位置，要求螺杆均插入底座固定孔。

（5）在每个螺杆上放下一个外径大于 20 mm 的平垫片及一个弹簧垫片，用螺母锁紧。

（6）设备固定好后，用手轻推设备，感觉一下固定的牢固程度。

五、接线

按照布线图的管号线号表确认每根线的用途，对照设备的接线图将每根线连接到对应的接线端子上。

（1）多芯电缆要先在每芯电线上用号码管标记芯号，并记录芯号与颜色的对应，这是电缆另一头接线的依据。

（2）接线时切勿将导线的铜芯直接拧在接线端子上，这样时间长了容易脱落，且开叉的铜芯会降低信号传输质量及造成短路。应该在每根导线的端头用专用压线钳压制金属接管，然后将金属接管拧在接线端子上。

（3）接线完成后要彻底清理剪下的线头等杂物，尤其是裸露的铜芯线头，以免通电时造成短路损坏设备。

（4）捆扎整理与接线端子连接的引线，信号线与信号线归类，电源线与电源线归类，以免互相干扰。

六、系统调试

系统调试按照以下步骤进行：

1．接线检查

（1）AC220V 供电及接地接线检查：火线、零线、接地线的顺序；接触电阻小于 0.1Ω。

（2）通信接线检查：CAN 总线正负极；120Ω终端电阻；不能分支。

（3）其他接线检查：电脑、打印机等连接线。

2．通电

（1）收银管理设备通电：参照设备使用说明书，设备应工作正常、通信正常。

（2）出口设备通电：参照设备使用说明书，设备应工作正常、通信正常。

（3）入口设备通电：参照设备使用说明书，设备应工作正常、通信正常。

3．系统设置

（1）收银管理设备设置：设置通信口、操作员、时间、收费标准、车位数等。

（2）出口设备设置：设置出口控制机地址（1～63，推荐为 2）；设置车辆检测器灵敏度。

（3）入口设备设置：设置入口控制机地址（1～63，不能与出口控制机相同）；设置车辆检测器灵敏度。

4．试运行

（1）入口设备试运行：反复试验入口功能，观察入口设备是否工作正常。

（2）收银管理设备试运行：使用入口试验凭据及数据反复试验收银管理设备，观察收银管理设备是否工作正常。

（3）出口设备试运行：使用入口、收银管理试验凭据及数据反复试验出口设备，观察出口设备是否工作正常。

第六节　摄像机、云台、解码器的安装和调试

一、常见摄像机种类

现在的摄像机种类繁多，常见的种类及外形如图 4-46 所示。

红外线摄像机

红外夜视球形摄像机

距离红外防水 CCD 摄像机

彩色红外夜视摄像机

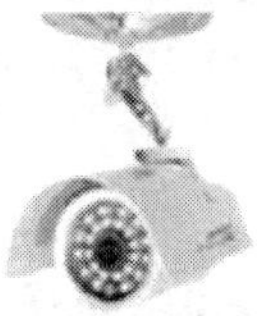

红外夜视一体化摄像机

微型彩转黑感红外摄像机

图 4-46　常见摄像机

监控系统中使用的摄像机主要是 CCD 摄像机。摄像机是摄像机和镜头的总称，根据被摄目标物体的大小和摄像机与物体的距离，通过计算得到镜头焦距来确定镜头，所以镜头都是依据实际情况而定的。

1. CCD 摄像机工作方式

电荷耦合器件（Charge Coupled Device，CCD）是一种特殊半导体器件，被摄物体的图像经过镜头聚焦至 CCD 芯片上，CCD 根据光的强弱积累相应比例电荷，各个像素积累的电荷在视频时序的控制下，逐点外移，经滤波、放大处理后，形成视频信号输出。视频信号连接到监视器或视频机的视频输入端便可以看到与原始图像相同的视频图像，如图 4-47 所示。

（1）CCD 彩色摄像机的主要技术指标：

①CCD 尺寸（摄像机靶面大小）：多为 1/2 英寸、1/3 英寸、1/4 英寸和 1/5 英寸。

②CCD 像素数：CCD 由面阵感光元素组成，每一个元素称为像素，像素越多，分辨率越高，图像越清晰。38 万像素以上为高清晰度摄像机。CCD 像素数有的给出水平及垂直方向的像素数，如 500（高）×582（宽），有的给出两者乘积值，如 30 万像素。对于一定尺寸 CCD 芯片，像素数越多每一个像素单元面积越小，由该芯片构成摄像机的分辨率越高。

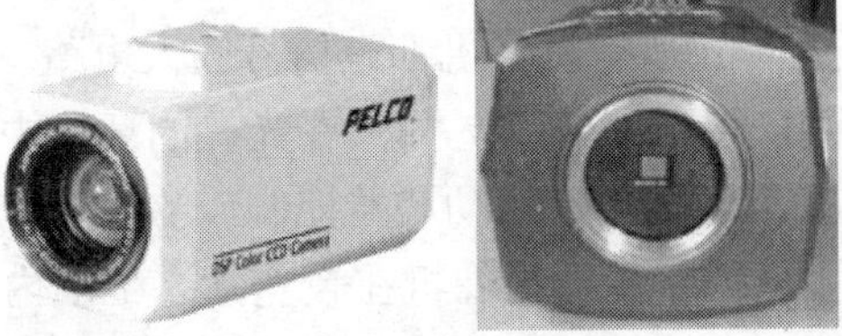

图 4-47　CCD 摄像机

③水平分辨率：水平分辨率是衡量摄像机优劣的一个重要参数，当摄像机摄取等间隔排列的黑白相间条纹时，在监视器上能够看到线数最多。分辨率不仅与 CCD 和镜头有关，还与摄像机电路通道频带宽度直接有关，通常规律是 1MHz 的频带宽度相当于清晰度为 80 线。

④灵敏度：也称最小照度，是 CCD 对环境光线的敏感程度，即 CCD 正常成像时所需要最暗光亮度。照度单位是 lx，数值越小，表示需要的光亮度越小，摄像机越灵敏。月光级或星光级等高敏感度摄像机可工作在很暗的条件下，2～3lx 属一般照度。

⑤扫描制式：扫描制式有 PAL 制和 NTSC 制之分。

⑥摄像机电源：摄像机电源一般分为交流和直流两种，交流有220V、110V、24V，直流为12V或9V。

⑦信噪比：是信号对于噪声的比值取对数后乘以20，单位为分贝（dB）。一般摄像机给出的信噪比值均是在AGC（自动增益控制）关闭时的值，因为当AGC接通时，会对小信号进行提升，使得噪声电平也相应提高。CCD摄像机的信噪比的典型值一般为45～55dB。

⑧视频输出：视频输出多为1Vp-p、75Ω，均采用BNC接头。

⑨镜头安装方式：镜头安装方式有C和CS方式，两者间感光距离不同。

（2）CCD彩色摄像机可调功能：CCD彩色摄像机除了上面介绍的基本参数外，还有一些可调功能，如同步方式选择、自动增益控制、背光补偿、电子快门、白平衡、色彩调整等。

①同步方式的选择：有外同步、内同步、电源同步三种同步方式供选择。

②自动增益控制：所有摄像机都有信号放大电路，如果在微光下适当地放大可以相对提高清晰度，如果在光亮的环境中放大可能造成过载，造成信号畸变，需要有自动增益控制（AGC）电路来探测信号电平，适当开关AGC，使得摄像机在较宽动态范围内工作。即在低照度时自动增加摄像机灵敏度，提高图像信号强度获得清晰图像。

③背光补偿：也称逆光补偿，通常摄像机AGC工作点由整个视场内容平均值决定。在视场中有很亮背景区和一个很暗前景区情况下，AGC对于前景区不合适。如果此时背光补偿开启时，摄像机只根据视场中一个子区域确定AGC工作点，如果前景目标恰好在此子区域内，将有效改善前景目标可视性。

④电子快门：电子快门控制摄像机CCD累积时间，当电子快门关闭时，对于PAL摄像机，则为1/50s。当摄像机的电子快门打开时，对于PAL型摄像机，其电子快门则覆盖从1/50～1/10 000 s的范围。当电子快门速度增加时，聚焦在CCD上的光减少，结果将降低摄像机的灵敏度，同时对于观察运动图像时，较高快门速度会产生一个“停顿动作”效应，增加了摄像机动态分辨率。

⑤白平衡：白平衡用于彩色摄像机，使摄像机图像能精确反映景物状况。可以分为手动白平衡和自动白平衡两种方式。自动白平衡又分成连续方式和按钮方式两种。

自动白平衡的连续方式：白平衡设置将随着景物色彩温度改变连续调整，范围为 2 800～6 000K。这种方式对于景物色彩温度在拍摄期间不断改变的场合是最适宜的，使色彩表现自然，但景物几乎没有白色时，连续白平衡不能产生最佳彩色效果。

自动白平衡的按钮方式：先将摄像机对准诸如白墙、白纸等白色目标，然后将自动方式开关从手动拨到设置位置，静止几秒钟，或者至图像呈现白色，在白平衡被执行后，将自动方式开关拨回手动位置以锁定该白平衡的设置，此时白平衡设置将保持在摄像机的存储器中，直至再次执行被改变为止，其范围为 2 300～10 000K，在此期间，即使摄像机断电也不会丢失该设置。

2. 镜头

镜头是监控系统中必不可少的部件，镜头与 CCD 摄像机配合，可以将远距离目标成像在摄像机的 CCD 靶面上，如图 4-48 所示。

图 4-48　镜头

（1）镜头的参数：镜头光学特性包括成像尺寸、焦距、相对孔径和视场角等几个参数。

（2）成像尺寸：镜头一般可分为 1 英寸（25.4 mm）、2/3 英寸（16.9 mm）、1/2 英寸（12.7 mm）、1/3 英寸（8.47 mm）和 1/4 英寸（6.35 mm）等几种规格，分别对应不同成像尺寸，选用镜头时，应使镜头成像尺寸与摄像机靶面尺寸大小相吻合。

（3）焦距：焦距决定了摄取图像大小，用不同焦距镜头对同一位置某物体摄像时，配长焦距镜头摄像机所摄取的景物尺寸大，反之，配短焦距镜头摄像机所摄取景物尺寸小。

当已知被摄物体的大小及该物体到镜头的距离时，可估算选配镜头焦距：$f=hD/H$ 或 $f=vD/V$，其中 D 为镜头中心到被摄物体距离；H 和 V 分别为被摄物体水平尺寸和垂直尺寸；h 为靶面成像水平宽度，v 为靶面成像高度。

（4）相对孔径：为了控制通过镜头光通量大小，在镜头后部设置光圈。假定光圈的有效孔径为 d，由于光线折射关系，镜头实际孔径为 D，D 与焦距 f 之比定义为相对孔径 A，即：$A=D/f$。一般用相对孔径的倒数来表示镜头光阑的大小，即：$F=f/D$。F 称为光圈数，标注在镜头光阑调整圈上，其标值为 1.4、2、2.8、4、5.6、8、11、16、22 等序列值，每两个相邻数值中，后一个数值是前一个数值的 $\sqrt{2}$ 倍。像的照度与光阑的平方成正比，光阑每变化一挡，像亮度变化一倍。F 值越小，光阑越大，到达摄像机靶面的光通量就越大。

（5）视场角：镜头有一个确定视野，镜头对这个视野的高度和宽度的张角称为视场角。视场角与镜头焦距 f 及摄像机靶面尺寸（水平尺寸 h 和垂直尺寸 v）的大小有关，镜头的水平视场角 αh 和垂直视场角 αv 可分别由下式来计算，即：$\alpha h=2\arctan(h/2f)$　$\alpha v=2\arctan(v/2f)$。

根据以上两式，镜头的焦距 f 越短，其视场角越大，摄像机靶面尺寸 h 或 v 越大，其视场角也越大。如果所选择镜头视场角太小，可能出现监视死角；若选择镜头视场角太大，可能造成监视主体画面尺寸太小，难以辨认，画面边缘出现畸变。因此，要根据具体应用环境选择视场角合适镜头。

（6）接口：镜头的安装方式有 C 型安装和 CS 型安装两种。在视频监控系统中常用镜头是 C 型安装镜头。镜头安装部位口径是 25.4 mm，从镜头安装基准面到焦点距离是 17.526 mm。大多数摄像机的镜头接口 CS 型，将 C 型镜头安装到 CS 接口听摄像机时需增配一个 5 mm 厚的接圈。如果对 C 型镜头不加接圈就直接接到 CS 型接口摄像机上，可能使镜头后镜面碰到 CCD 靶面的保护玻璃，造成 CCD 摄像机的损坏。

3．防护罩

防护罩是使摄像机在有灰尘、雨水、高低温等情况下正常使用的防护装置。一般分为两类，一类是室内防护罩，另一类是室外防护罩。室内用防护罩结构简单，价格便宜，其主要功能是防止摄像机落尘并有一定的安全防护作用，如防盗、防破坏等。

室外用防护罩一般为全天候防护罩，即无论刮风、下雨、下雪、高温、低温等恶劣情况，都能使安装在防护罩内的摄像机正常工作。这种防护罩具有降温、加温、防雨、防雪等功能。为了在雨雪天气仍能使摄像机正常摄取图像，一般在全天候防护罩的玻璃窗前安装有可控制的雨刷。

4．支架

普通支架有短的、长的、直的、弯的，根据不同的要求选择不同的型号。室外支架主要考虑负载能力是否合乎要求，再有就是安装位置，因为从实践中发现，很多室外摄像机安装位置特殊，有的安装在电线杆上，有的立于塔吊上，有的安装在铁架上，如图 4-49 所示。

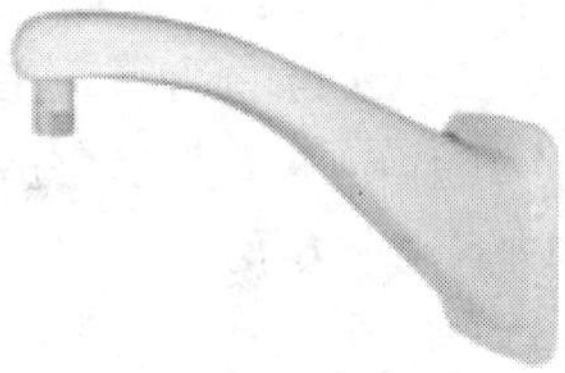

图 4-49　支架

5．云台

云台是承载摄像机并可进行水平和垂直两个方向转动的装置。云台内装有两个电动机。这两个电动机一个负责水平方向的转动，另一个负责垂直方向的转动。水平转动的角度一般为 350°，垂直转动则有±45°、±35°、±75°等。水平及垂直转动的角度大小可通过限位开关进行调整。

（1）云台的分类：

①按使用环境分类：云台按使用环境分为室内型和室外型，主要区别是室外型密封性能好，防水、防尘，负载大，有些高档的室外云台除有防雨装置外，还有防冻加温装置，如图 4-50 所示。

（a）室内半球云台　　（b）室内全球云台　　（c）室外全方位云台 PIH—301

图 4-50　云台

②按安装方式分类：按安装方式分为侧装和吊装，即云台是安装在天花板上还是安装在墙壁上。

③按外形分类：按外形分为普通型和球形，球形云台是把云台安置在一个半球形、球形防护罩中，除了防止灰尘干扰图像外，还具有隐蔽、美观、快速的特点。

（2）云台的选用：在选用云台时除了要考虑安装环境、安装方式、工作电压、负载大小、性能价格比和外型是否美观外，还应注意以下几个方面。

①承重：为适应不同摄像机及防护罩的安装，云台的承重应是不同的。应根据选用的摄像机及防护罩的总重量来选用合适承重的云台。室内用云台的承重量较小，云台的体积和自重也较小。室外用云台因为肯定要在它的上面安装带用防护罩的摄像机，所以承重量都较大，它的体积和自重也较大。

目前出厂的室内用云台承重量为 1.5～7 kg，室外用云台承重量为 7～50 kg。还有些云台是微型云台，比如与摄像机一起安装在半球形防护罩内或全天候防护罩内的云台。

②控制方式：一般的云台均属于有线控制的电动云台。控制线的输入端有 5 个，其中 1 个为电源的公共端，另外 4 个分别为上、下、左、右控制端。如果将电源的一端接在公共端，电源的另一端

接在“上”时，则云台带动摄像机头向上转动，其余类推。还有的云台内装有继电器等控制电路，这样的云台往往有6个控制输入端。1个是电源的公共端，另4个是上、下、左、右端，还有1个则是自动转动端。当电源的一端接到公共端，电源的另一端接在“自动”端时，云台将带动摄像机头按一定的转动速度进行上、下、左、右的自动转动。

在电源供电电压方面，目前常见的有交流24V和220V两种。云台的耗电功率，一般是承重量小的功耗小，承重量大的功耗大。在选用云台时，最好选用在云台固定不动的位置上安装有控制输入端及视频输入、输出端接口的云台，并且在固定部位与转动部位之间（摄像机之间）有用软螺旋线形成的摄像机及镜头的控制输入线和视频输出线的连线。这样的云台安装使用后不会因长期使用导致转动部分的连线损坏，特别是室外用的云台更应如此。

（3）云台结构：以雅安球罩云台YD5309为例，结构如图4-51所示。云台包括：顶盖、排风扇、上罩、内罩、下罩、摄像机托板、加热单元和限位块组成。

图4-51　云台结构图

6. 解码器

解码器的电路是以单片机为核心，由电源电路、通信接口电路、自检及地址输入电路、输出驱动电路、报警输入接口等电路组成。解码器一般不能单独使用，需要与系统主机配合使用。

（1）解码器的作用和功能：解码器的主要作用是接收控制中心的系统主机送来的编码控制信号，并进行解码，成为控制动作的命令信号，再去控制摄像机及其辅助设备的各种动作（如镜头的变倍、云台的转动等）。

①解码器不能单独使用，而必须与矩阵控制系统配合使用。

②同一个系统中可能有多台解码器，所以每一台解码器上都有一个拨码开头，它决定了该解码器在该系统中的编号（ID 号），在使用解码器时，首先必须对拨码开关进行设置。在设置时，必须与系统中的摄像机编号一致。

③解码器具有自检功能，即不需要远端主机的控制，直接在解码器上操作拨码开关，通过测试云台和电动镜头的工作是否正常来判断连线是否正确，同时镜头电压可在 6V、8V、10V、12V 之间进行选择，以适应不同的镜头电源。

④解码器在通信正确时，通信指示灯闪亮，这样，就很容易判断此解码器与系统主机的连线是否正确。

⑤解码器还具有回传为数据信号的功能，因而在实际应用中可以将各类报警探头等前端设备直接接于监控现场的解码器上。报警探头发出的报警信号可在前端解码器内编码后经由 RS-485 通信总线回转到中心控制端的系统主机，这样在实际工程施工中既可省去从前端监控现场到中心控制端的报警连线，从而大大减小施工难度，也减少了工程线缆的用量及成本。

（2）解码器接线方法，如图 4-52 所示。

（3）解码器使用：选择好解码器的工作电压（P/TVOLTAGE），设置好解码器的地址（ID 的 1～8 端子，地址为 1～256），选择好解码器 FUNCT 中的 1、2 端子设定波特率，使解码器与控制设备之间有相同的数据传输速度，选择好解码器工作协议（FUNCT 的 3、4 端子），并将通信控制线（485 总线）与总线相连，解码器一方面可根据控制点发送过来的要求信号控制云台（up、down、left、right）与镜头的电动变交（zoom、focus、iRis 和镜头公共端 LENSCOM）及摄像机动作，并将一定的回复信号返回给控制点；另一方面将视

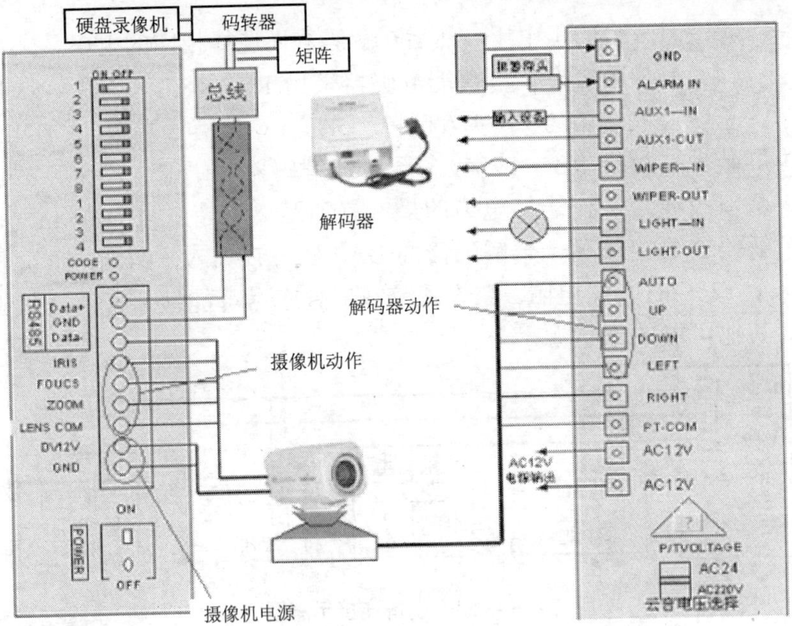

图 4-52 解码器接线图

频信号传送给控制点作监控等。同时解码器可提供摄像机电源（DC12V，GND）和云台电源（P/TVOLTAGE），及交流 24V 电源提供给交流的 24V 的设备使用。此外还具有控制灯光、雨刷及镜头保护和自动匹配控制协议的功能，兼容多种控制协议。

注意：

①当 FUNCT 中的 3、4 如拨成 1、1，则拨 ID 为自检功能即控制云台的转动和像的清晰度，否则 ID 则表示解码器地址，当 3、4 都拨 1 时为自动匹配协议。

②通电后 POWER 会一直亮，解码器接到正确的指令时，指示灯 CODE 会快速闪烁，若无法控制云台及摄像机应先检查 CODE 灯是否闪烁。

③解码器的 DATA+与 DATA－两端之间需并接一个 120Ω的匹

配电阻。

④注意云台的工电压，然后在解码器上选择相应的电压。

（4）485 通信方式：智能解码器采用 RS—485，如图 4-53 所示，总线控制通信方式，DATA+、DATA－为信号端，G（GND）为屏蔽地。标准 RS—485 设备至智能解码器解码器之间采用二芯屏蔽双绞线连接，连接电缆的最远累加距离不超过 15 000 m。多个解码器连接最远一个解码器的 DATA+、DATA－两端之间并接一个 120Ω的匹配电阻。架设通信线时，应尽可能地避开高压线路或其他可能的干扰源。

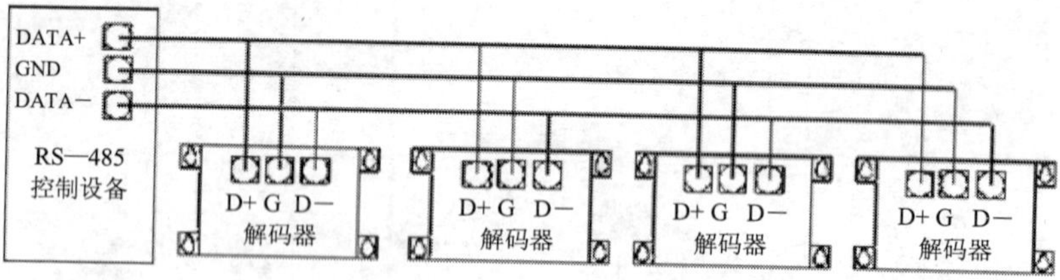

图 4-53　设备连接示意图

注意：解码器 DATA+、DATA－、GND 等端子对应连接。

二、摄像机镜头和防护罩的安装

1. 摄像机、镜头的选择

考虑到现场环境晚上没有灯光光线不充足仅监视景物的位置或移动，考虑使用低照度黑白摄像机；摄像范围局限在楼梯口较小的范围，选用定焦镜头。

2. 摄像机、镜头、支架和防护罩的安装

（1）拿出支架，准备好工具和零件：涨塞、螺丝、改锥、小锤、电钻等必要工具；按事先确定的安装位置，检查好涨塞和自攻螺丝的大小型号，试一试支架螺丝和摄像机底座的螺口是否合适，预埋的管线接口是否处理好，测试电缆是否畅通，就绪后进入安装程序。

（2）拿出摄像机和镜头，按照事先确定的摄像机镜头型号和规格，仔细装上镜头（红外摄像机和一体式摄像机不需安装镜头）。

安装镜头时，首先去掉摄像机及镜头的保护盖，然后将镜头轻轻旋入摄像机的镜头接口并使之到位。对于自动光圈镜头，还应将镜头的控制线连接到摄像机的自动光圈接口上，对于电动两可变镜头或三可变镜头，只要旋转镜头到位，则暂时不需校正其平衡状态（只有在后焦聚调整完毕后才需要最后校正其平衡状态）。具体步骤如下：

①卸下镜头接口盖。

②镜头安装：逆时针方向转动松开定位截距可调环上的一颗螺钉，然后将环按C方向（逆时针）转动到底。否则，在摄像机上安装镜头时，可能会对内部图像感应器或镜头造成损坏，如图4-54所示。

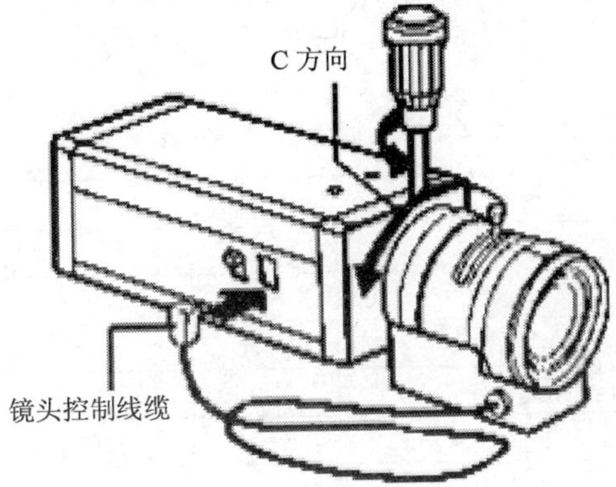

图4-54　摄像机镜头安装

③必须根据镜头的类型将镜头选择开关置于摄像机的一侧。如果安装的镜头是DC控制类型，则将选择开关置于“DC”，如果是视频控制类型，则切换到“VIDEO”。

④根据镜头类型，旋转焦距调节螺丝调整焦距。

注意不要用手碰镜头和CCD，确认固定牢固后，接通电源，连通主机或现场使用监视器、小型视频机等调整好光圈焦距。

（3）拿出支架、涨塞、螺丝、改锥、小锤、电钻等工具，按照事先确定的位置，装好支架。检查牢固后，将摄像机按照约定的方向装上；确定安装支架前，先在安装的位置通电测试一下，以便得到更合理的监视效果。

（4）如果在室外或室内灰尘较多，需要安装摄像机护罩，在第二步后，直接从这里开始安装护罩。

①打开护罩上盖板和后挡板；

②抽出固定金属片，将摄像机固定好；

③将电源适配器装入护罩内；

④复位上盖板和后挡板，理顺电缆，固定好，装到支架上。

（5）把焊接好的视频电缆 BNC 插头插入视频电缆的插座内（用插头的两个缺口对准摄像机视频插座的两个固定柱，插入后顺时针旋转即可），确认固定牢固、接触良好，摄像机 6 个接线桩解释见表 4-5。

表 4-5　某摄像机接线桩定义表

针号	名称	输入/输出	注意
1	DC 电源接入	输入	12±0.5V
2	接地（电源）		
3	键盘	输入	
4	对焦（+：Near，－Far）	输入	（限制+3～13V，－3～13V）
5	变焦（+：Tele，－Wide）	输入	（限制+3～13V，－3～13V）
6	公共（变焦，对焦的公共端）		

（6）将电源适配器的电源输出插头插入监控摄像机的电源插口，并确认牢固度。

（7）把电缆的另一头按同样的方法接入控制主机或监视器（视频机）的视频输入端口，确保牢固、接触良好。

（8）接通监控主机和摄像机电源，通过监视器调整摄像机角度到预定范围，并以并调整摄像机镜头的焦距和清晰度，进入录像设备和其他控制设备调整工序。

3．摄像机测试步骤

测试摄像机主要测试清晰度和色彩还原性、照度、逆光补偿，其次是测其球型失真、耗电量、最低工作电压。下面介绍清晰度和色彩还原性以及照度、逆光补偿等指标的测试。

（1）清晰度的测试：多个摄像机进行测试时，应使用相同镜头，以测试卡中心圆出现在监视器屏幕的左右边为准，清晰准确地数出已给的刻度线，共 10 组垂直线和 10 组水平线，分别代表垂直清晰度和水平清晰度。如垂直 350 线水平 800 线，最好用黑白监视器。测试时可在远景物聚焦，也可边测边聚焦。

（2）彩色还原性的测试：测试此参数应选好彩色监视器。首先远距离观察人物、服饰，看有无颜色失真，拿色彩鲜明的物体对比，看摄像机反应灵敏度，拿彩色画册放在摄像机前，看画面勾勒的清晰程度，过淡或过浓，再次应对运动的彩色物体进行摄像，看有无彩色拖尾、延滞、模糊等。测试条件如此摄像最低照度在 50V 时应在 50V+10V 照度情况下测量，即每摄像机最低照度基础上加 10V，且光圈应保持最接近状态。

（3）照度：室内光照也可从最暗调至最明，测试时，摄像机光圈均开至最大时记录最低照度值，再把光圈打至最小，再记录最低照度值。

（4）逆光补偿：测试此参数有两种方法：一种是在暗室内，把摄像机前侧灯调至最亮时，然后在灯下方放置一图画或文字，把摄像机迎光摄像，看图像和文字能否看清，画面刺不刺眼，并调节拨挡开关，看有无变化，哪种效果最好。另一种是在阳光充足的情况下把摄像机向窗外照，此时看图像和文字能否看清楚。

（5）球型失真：看球型失真把测试卡置于摄像机前端使整个球体出现在屏幕上，看圆球形有无椭圆，把摄像机前移，看圆中心有无放大，再远距离测试边、角、框有无弧形失真等。

（6）耗电量：最低工作电压，使用万用表测量电流，使用小稳压器调节电压量。

三、安装云台和解码器

1. 安装步骤

（1）摄像机进行单体调试。

（2）阅读解码器说明书，画出云台、解码器、码转器接线图。

（3）云台和解码器接线（内置解码器不需要接线），检查解码器、云台设备是否正常。

（4）摄像机固定在云台上，并对摄像机和解码器接线。

（5）摄像机的视频输出连接到原有学校监控系统的视频线上。

（6）对解码器的拨码盘进行拨码，做解码器的自检实验（内置解码器自动自检）。

（7）解码器的通信线与原有码转器的对应端子连接。

2. 云台、解码器故障处理方法

（1）码转灯不闪：软件设置（灯不闪，码转换器未工作）、软件中的解码器设置（解码器协议、COM 口、波特率等）、更换一个 COM 口。

（2）无法控制解码器：解码器中无继电器响声。

①检查解码器是否供电。

②检查码转换器是否拨到了输出 485 信号。

③检查解码器协议是否设置正确。

④检查波特率设置是否与解码器符合，检查地址码设置与所选的摄像机是否一致。

⑤检查解码器与码转换器的接线是否接错。

⑥检查解码器工作是否正常：解码器断电 1 min 后通电，是否有自检声；软件控制云台时，解码器的 UP，DOWN，AUTO 等端口与 PTCOM 口之间会有电压变化。

⑦检查解码器的保险管是否已烧坏。

（3）无法控制云台：

①检查解码器工作是否正常。

②解码器的24V或220V供电端口电压是否输出正常。

③直接给云台的UP、DOWN与PTCOM线进行供电，检查云台是否能正常工作。

④检查供电接口是否接错。

⑤检查电路是否接错（解码器为UP、DOWN等线与PTCOM直接给云台供电，各线与摄像机及云台各线直接连接；有的解码器为独立供电接口）。

（4）云台控制的部分功能无法使用。

①界面上无法操作：安装相应的云台控制补丁程序。

②点击时码转灯亮或解码器里面有继电器响，但部分功能无法控制：检查无法控制的功能部分接线是否正确，云台、镜头等设备是否完好、解码器功能端口是否有电压输出。

③控制时云台动作不正常。

如出现转动无法停止情况，首先单独对该端口进行测试（直接向该端口通电，进行控制），如正常则检查解码器对应的端口是否工作正常。

四、安装视频矩阵

1. 视频矩阵

（1）视频矩阵的基本功能和要求：矩阵功能就是实现对输入视频图像的切换输出。将视频图像从任意一个输入通道切换到任意一个输出通道显示。M×N矩阵：表示同时支持M路图像输入和N路图像输出。

（2）视频矩阵的分类：按视频切换方式的不同，分为模拟矩阵和数字矩阵。

模拟矩阵：视频切换在模拟视频层完成。信号切换主要是采用单片机或更复杂的芯片控制模拟开关实现。

数字矩阵：视频矩阵和DVR合二为一，视频切换在数字视频层完成，这个过程可以是同步的也可以是异步的。数字矩阵的核心是对数字视频的处理，需要在视频输入端增加 AD 转换，将模拟信号变为数字信号，在视频输出端增加 DA 转换，将数字信号转换为模拟信号输出。视频切换的核心部分由“模拟矩阵的模拟开关”转为“对数字视频的处理和传输”。

矩阵主要功能是实现多路信号输入，多路信号输出，可以将任意一个输出口进行信号切换来输出任意一个输入信号。VGA 矩阵实现的是多路 VGA 信号输入，多路信号输出。RGB 矩阵是将 VGA 信号转换成 RGB 信号来实现矩阵功能。实际工程中可以看成同一种设备来使用，只需要接上 RGB 转 VGA 头就可以了。

按照输入、输出通道的不同，常见的视频矩阵一般有 16×4、16×8、16×16 等。常规的理解是乘号前面的数字代表输入通道的多少，乘号后面的数字代表输出通道的多少。不论矩阵的输入、输出通道多少，它们的控制方法都大致相同：前面板按键控制、分离式键盘控制、第三方控制（RS—232/RS—422/RS—485 等）。

设计一个视频矩阵的基本原则也是根据信号源和显示终端数量的多少以决定矩阵的通道数，由于矩阵规格的差异（通道数的多少）在价格上的体现非常明显，在预算一定的情况下，选择矩阵通道数对扩展影响较大。

（3）矩阵的选择：选择视频矩阵主机时首先要确定需要控制的摄像机个数，是否需要扩充，把现有的和将来有可能扩充的摄像机数目相加，选择控制器的输入路数。比如学校工业中心监控系统建设中，监控点有 15 个，可是监视器只有 6 个，以后监视点还会扩展到 25 个，那么最少也要有 25 路视频输入给控制主机（由于控制主机大部分以输入、输出模块形式扩充，输入以 8 的倍数递增），所以需要选择 32 输入主机。

（4）矩阵键盘连接示意图，如图 4-55 所示。

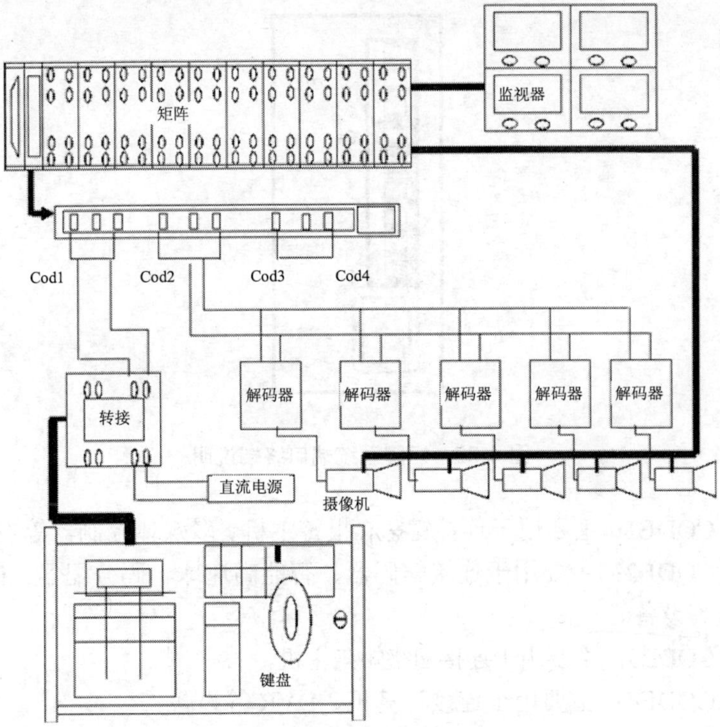

图 4-55 矩阵键盘连接示意图

1）视频连接：所有的视频输入（如摄像机），应接到视频输入模块（VIM）的 BNC 上；所有的视频输出（如监视器），应接到视频输出模块（VOM）的 BNC 上。所有视频连接应使用带 BNC 插头的高质量 75Ω视频电缆。所有的视频输出必须在连接中最后一个单元接 75Ω终端负载。中间单元必须设置为高，如果不接负载，图像会过亮。相反，如果接了两倍负载，图像会过暗。

2）控制数据线连接：控制数据线从矩阵系统后面板通信端口输出，它发送切换和控制信号到其他机箱，数据线在输入和输出机箱之间环形连接。数据线还向摄像机提供云台、镜头、辅助开关和预置点的控制信号。矩阵系统端口终端说明如图 4-56 所示。

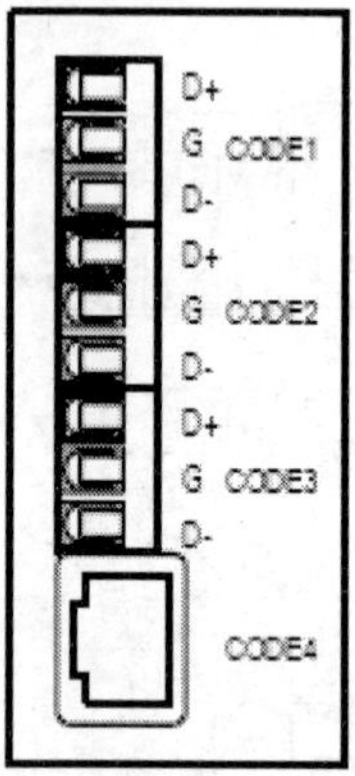

图 4-56　矩阵系统端口终端说明

CODE1：主要用于连接键盘、报警主机、多媒体控制器等设备。

CODE2：主要用于连接解码器、智能高速球、码分配器、码转换器等设备。

CODE3：主要用于连接网络矩阵主机。

CODE4：主要用于连接计算机、DVR 等设备。

2．RS—485 通信

RS—485 总线，在要求通信距离为几十米到上千米时，广泛采用 RS—485 串行总线标准。RS—485 采用平衡发送和差分接收，因此具有抑制共模干扰的能力。加上总线收发器具有高灵敏度，能检测低至 200 mV 的电压，故传输信号能在千米以外得到恢复。RS—485 采用半双工工作方式，任何时候只能有一点处于发送状态，因此，发送电路须由使能信号加以控制。RS—485 用于多点互连时非常方便，可以省掉许多信号线。应用 RS—485 可以联网构成分布式系统，其允许最多并联 32 台驱动器和 32 台接收器。

视频监控系统中的 485 多为双线传输 A+、B−，布线时标准应严格按照所谓的菊花链方式布线，即把控制总线看做一条线的话，那么是典型的串联方式，就像挂灯笼一样，见一个挂一个；在总线上，可以明确区分出最近点和最远点的解码器，若总线距离很远可能还要在总线最末端加120Ω匹配电阻。这是由485信号的传输方式所决定的，任何厂家的产品只要采用的是485的控制方式，都必须遵循这一规则，否则在实际的使用中会出现许多问题，实际使用中常见这种布线导致的解码器失控现象。

3. 矩阵键盘功能说明（表4-6）

表4-6　矩阵键盘功能说明

序号	选项	意义	序号	选项	意义
1	MOV	选定一个监视器	12	CAN	选定一个摄像机
2	LAST	自动切换逆行方向	13	NEXT	自动切换正运行方向
3	RUN	运行自动切换	14	TIME	切换停留时间
4	ON	启动功能	15	OFF	关闭功能
5	AUX	辅助功能	16	SHOT	调用预置点
6	ALARM	设防报警触点	17	NET	网络矩阵
7	ACK	功能确认	18	SHIFT	上档键
8	OPEN	打开镜头光圈	19	CLOSE	关闭镜头光圈
9	NEAR	调整聚焦	20	FAR	调整聚焦
10	WIDE	获得全景图像	21	TELE	获得特写图像
11	万向区	控制云台上下左右方向	22	数字区	用于输入数据

4. 键盘矩阵工作模式

键盘工作模式主要在直接控制解码器、智能高速球中应用。要进入此种工作模式，需改变ID中8号端子为“ON”。

波特率选择设置：改变ID中的5、6号端子，就能设置键盘的波特率值。波特率的选择是为了使键盘与控制设备之间有相同的数据传输速度，波特率的选择设置见表4-7。

表 4-7　波特率的选择设置

拨码开关位置		波特率	拨码开关位置		波特率
5	6		5	6	
1	0	1 200	1	1	4 800
0	1	2 400	0	0	9 600

控制协议：改变 ID 中的 1、2、3、4 号，在波特率相同的情况下，就能控制不同控制协议的解码器、智能高速球，控制协议设置见表 4-8。

表 4-8　控制协议设置

序号	1	2	3	4	控制协议
1	0	0	0	0	派尔高（PELCO—D）
2	1	0	0	0	派尔高（PELCO—P）
3	0	1	0	0	艾立克，亚安（ALEC，YAAN）
4	1	1	0	0	三星（SAMSUNG）
5	0	0	1	0	HC（Hanci）
6	0	0	1	0	盟威（Mainvan）

5. 键盘与小型系统连接示意图（图 4-57）

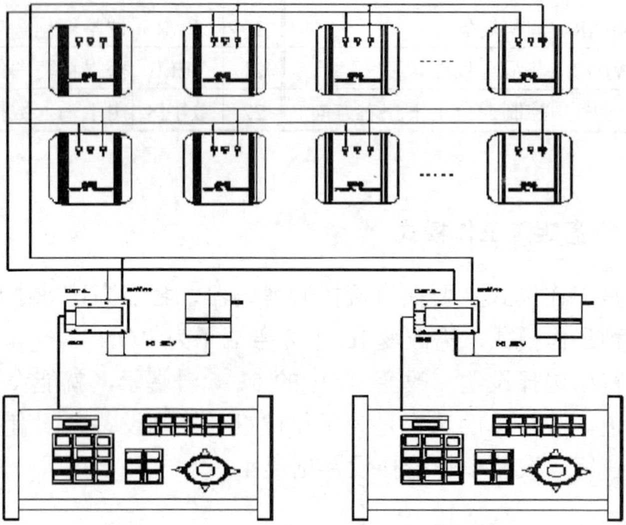

图 4-57　键盘与小型系统连接示意图

键盘接线盒至系统的通信为普通带屏蔽的二芯双绞线，距离最长 1 200 m。

6. 常见故障处理方法

（1）编程是否正确，有无遗漏之处：

①使用分控键盘时，对监视器的分配和授权的编程是否正确。

②设置报警监控和录像时，是否正确连接报警设备。编程是否合理（相关设备的数据冲突）。

③连接外部受控设备。如快球、解码器、报警设备，要注意说明书所提供的数据端口，正确连接和编程。

（2）矩阵的故障：

①开机无显示，请查看保险丝。

②32 路以上矩阵箱开机无显示，查看插板自查发光二极管工作是否正常。不正常时，重插该板。

③某路无输出时，可调换一路正常的画面，以便查看是矩阵问题还是其他问题。

④控制失效，请查看是否接对控制端口，受控器有否编码；更换另一个端口。

参考文献

[1] 王仁祥. 电力新技术概论[M]. 北京：中国电力出版社，2009.

[2] 丁毓山，雷振山. 中小型变电所使用设计手册[M]. 北京：中国水利水电出版社，2000.

[3] 祝淑萍. 工业企业电力网际变电设备[M]. 北京：冶金工业出版社，2003：43-54.

[4] 刘百昆. 实用电工技术问卷[M]. 呼和浩特：内蒙古人民出版社，1992.

[5] 傅知兰. 电力系统电气设备选择与实用计算[M]. 北京：中国电力出版社，2004.

[6] 李金伴，陆一心. 电气材料手册[M]. 北京：化学工业出版社，2005.

[7] 熊信银. 发电厂电气部分[M]. 北京：中国电力出版社，2009.

[8] 吴华. 浅谈总降压变电所的防雷[J]. 科技风，2009（15）.

[9] 解广润. 电力系统过电压[M]. 北京：水利电力出版社，1991.

[10] 韩笑. 电气工程专业毕业设计指南——继电保护分册[M]. 北京：中国水利水电出版社，2003.

[11] 刘介才. 工厂供电设计指导[M]. 北京：机械工业出版社，2003：32-36.

[12] 范锡普. 发电厂电气部分[M]. 北京：水利电力出版社，1987.

[13] 李宗纲. 工厂供电设计[M]. 吉林：吉林科学技术出版社，1985.